动物疫病防控技术丛书

非洲猪瘟防控技术手册

王　林　主编

中国轻工业出版社

图书在版编目（CIP）数据

非洲猪瘟防控技术手册 / 王林主编 . — 北京：中国轻工业出版社，2021.8

ISBN 978-7-5184-3549-4

Ⅰ . ①非…　Ⅱ . ①王…　Ⅲ . ①非洲猪瘟病毒 – 防治 – 手册　Ⅳ . ① S852.65-62

中国版本图书馆 CIP 数据核字（2021）第 119350 号

责任编辑：罗晓航　　责任终审：张乃柬　　整体设计：锋尚设计
策划编辑：罗晓航　　责任校对：朱燕春　　责任监印：张　可

出版发行：中国轻工业出版社（北京东长安街6号，邮编：100740）
印　　刷：北京博海升彩色印刷有限公司
经　　销：各地新华书店
版　　次：2021年8月第1版第1次印刷
开　　本：710×1000　1/16　印张：7.5
字　　数：150千字
书　　号：ISBN 978-7-5184-3549-4　定价：58.00元
邮购电话：010-65241695
发行电话：010-85119835　传真：85113293
网　　址：http://www.chlip.com.cn
Email：club@chlip.com.cn
如发现图书残缺请与我社邮购联系调换
200094K1X101ZBW

动物疫病防控技术丛书
编委会

《非洲猪瘟防控技术手册》编写人员

主　编　王　林

副主编　赵景义　潘　珺

编　者　（以姓氏笔画为序）

王文泉　许光勇　杜　鹃　李永清

李　蕊　吴　迪　余　琦　张　丹

张　硕　陈华林　赵坤坤　程敏姮

动物疫病防控技术丛书
总序

2020年9月27日，国务院办公厅印发了《关于促进畜牧业高质量发展的意见》（国办发〔2020〕31号），明确指出畜牧业是关系国计民生的重要产业，肉蛋奶是百姓“菜篮子”的重要品种；明确提出坚持防疫优先的基本原则，将动物疫病防控工作作为防范畜牧业产业风险和防治人畜共患病的第一道防线，着力加强防疫队伍和能力建设，落实政府和市场主体的防疫责任，形成防控合力。

近年来，动物疫病种类增多，一二三类动物疫病达157种，已知的人畜共患病超过200种。影响疫病发生的因素更加复杂，预防控制难度不断加大。一些如非洲猪瘟、高致病性猪蓝耳病、猪流行性腹泻、禽流感、布鲁氏菌病、狂犬病等动物疫情的发生，不仅严重危害畜牧业的高质量发展，降低畜禽产品供应安全的保障能力，也会带来重大的公共卫生安全问题。

为适应畜禽养殖规模化发展，提升动物疫病防控能力，北京市动物疫病预防控制中心组织专家编写了“动物疫病防控技术丛书”。丛书及时总结了国内外最新兽医科技创新成果和防控经验，旨在为广大基层动物防疫工作者提供参考和指导，从而提高动物疫病防控能力和水平。

由于编者水平有限，加之兽医知识不断更新，书中难免存在不妥之处，敬请读者批评指正，以臻不断完善。

编委会

2021年3月

前言

非洲猪瘟（African swine fever，ASF）是由非洲猪瘟病毒（African swine fever virus，ASFV）引起的家猪和野猪的一种急性、热性和高度接触性动物传染病，急性病例的发病率和死亡率可达100%。世界动物卫生组织（OIE）将非洲猪瘟列为法定报告动物疫病，我国将其列为一类动物疫病。该病于1921年在非洲地区首次发现，2020年全球共有27个国家和地区报告了非洲猪瘟疫情。由于非洲猪瘟病毒的特殊性，目前该病尚无有效的疫苗和治疗方法。因此，主要采取严格执行各种生物安全防护措施，以达到防控非洲猪瘟的目的。

为了便于读者学习和掌握非洲猪瘟相关知识，在“北京市非洲猪瘟防控技术研究与集成”项目的支持下，我们编写了《非洲猪瘟防控技术手册》。本书主要包括非洲猪瘟概述、流行病学、临床症状、病理变化、实验室检测、生猪养殖场生物安全管理以及关键场所消毒技术等相关内容。

随着非洲猪瘟相关研究的不断深入，非洲猪瘟的防控知识也会随时更新。限于编者掌握非洲猪瘟知识的水平，书中可能存在不妥和疏漏之处，敬请读者批评指正。

编者

2021年3月

目录

第一章

非洲猪瘟概述

- 第一节　非洲猪瘟的起源及分布
- 第二节　非洲猪瘟的危害性
- 第三节　国外防控现状

非洲猪瘟（African swine fever，ASF）是由非洲猪瘟病毒（African swine fever virus，ASFV）引起的一种高度致死性的传染病。通常情况下，该病病程短，死亡率高，对养猪业危害巨大。被世界动物卫生组织（OIE）列为法定报告动物疫病，我国将其列为一类动物疫病。

第一节 非洲猪瘟的起源及分布

一、非洲猪瘟的起源

非洲猪瘟起源于非洲，1921年非洲猪瘟在肯尼亚被首次报道。1909—1915年非洲东部肯尼亚地区暴发家猪疫情，病毒学家Montgomery对其进行了系统的描述，并初步探究了病毒性质。他认为该病毒是猪瘟病毒的变异株，虽然随着对该病毒研究的不断深入，发现这一认知是错误的，但是他指出了野猪在该病毒传播中可能的作用。

二、非洲猪瘟的地理分布

（一）非洲

研究发现，非洲猪瘟于1921年在非洲东部的肯尼亚被首次确认后，该病毒一直在东非地区保持着丛林传播循环，当地自由放养的饲养模式，造成了非洲猪瘟的反复暴发，疣猪和生活在洞穴的钝缘软蜱可携带病毒。随后，该病很快传播到了非洲撒哈拉沙漠以南的一些地区。1933—1934年，南非暴发非洲猪瘟。此后，安哥拉、赞比亚、莫桑比克、博茨瓦纳连续报道了有疫情发生。1989年，马拉维首次报道暴发了非洲猪瘟。1997年，非洲猪瘟传入马达加斯加，从此，印度洋岛屿没有非洲猪瘟的历史被改写。2007年，毛里求斯暴发了非洲猪瘟疫情。

自1958年开始，非洲猪瘟开始在非洲中部和西部流行，塞内加尔、冈比亚、佛得角和几内亚比绍也一直有非洲猪瘟的流行。1973年，尼日利亚暴发非洲猪瘟疫情。1982年喀麦隆养猪数量翻倍后，就经历了非洲猪瘟的首次入侵，此后非洲猪瘟一直在该国流行。1996年科特迪瓦经历了第一次非洲猪瘟的暴发，这标志着非洲猪瘟西非大流行的开始。随后，贝宁、多哥、加纳和布基纳法索等国家发生疫情，除科特迪瓦实现扑灭之外，大多数国家已经呈地方性流行。

（二）欧洲

1957年葡萄牙一养猪场因采用航空公司的航班废弃物喂猪而引发当地非洲猪瘟，从而开启了该病在非洲之外的国家传播的历史。虽然疫情很快被扑灭，但是1960年，非洲猪瘟疫情又在葡萄牙暴发，并在亚平宁半岛广泛流行。此后，欧洲的其他国家开始陆续报道非洲猪瘟疫情，如西班牙（1960—1995年）、法国（1964年、1967年、1977年）、意大利（1967年、1980年）、马耳他（1978年）、比利时（1985年）和荷兰（1986年）。这些国家除意大利的撒丁岛之外，均已宣布根除了非洲猪瘟。

2007年，非洲猪瘟进入格鲁吉亚，这表明非洲猪瘟进一步跨洲传播到了欧亚接壤的高加索地区。非洲猪瘟在格鲁吉亚迅速蔓延，并波及亚美尼亚（2007年）、阿塞拜疆（2008年）。2007年，非洲猪瘟传入了俄罗斯，并向西传播到了乌克兰（2012年）、白俄罗斯（2013年）。2014年，非洲猪瘟从俄罗斯进一步扩散到了欧盟国家（立陶宛、波兰、爱沙尼亚、拉脱维亚）。2016年，非洲猪瘟在乌克兰不断向西南方向扩散，传入摩尔多瓦。2017年，非洲猪瘟进入捷克和罗马尼亚。

（三）美洲

1971年，古巴成为加勒比地区第一个报道当地暴发非洲猪瘟的国家。经过溯源发现，疫情是由西班牙传入古巴的。之后，疫情迅速扩散到了多米尼加（1978年）、巴西（1978年）、海地（1979年）等国。

（四）亚洲

2018年8月，我国首次发现非洲猪瘟。经序列分析，病毒基因型为Ⅱ型，与俄罗斯和东欧流行的毒株属于同一分支。随后，蒙古（2019年）、越南（2019年）、柬埔寨（2019年）、朝鲜（2019年）、菲律宾（2019年）、老挝（2019年）、韩国（2019年）、缅甸（2019年）、印度尼西亚（2019年）、东帝汶（2019年）、印度（2020年）等国家相继发生疫情，损失严重。

第二节 非洲猪瘟的危害性

非洲猪瘟虽然不是人畜共患病，但因其发病急、病程短、致死率高以及目前无疫苗预防的特点，致使其防控难度极大，严重影响了生猪养殖产业的健康发展和国家经济社会的和谐稳定。

一旦发生非洲猪瘟疫情，便会采取生猪禁运等措施，这会造成生猪调运困难，影响生猪养殖者的积极性，出现不同程度的恐慌清栏、补栏意愿受挫等现象，引发仔猪供应紧张，种猪短缺，生猪存栏量、出栏量减少等，这些会造成生猪产能下降以及猪肉价格大幅上涨。如我国2019年的生猪出栏数、猪肉产量与2018年同期相比分别下降21.6%和21.3%，而猪肉价格从12.20元/kg（2019年2月）上涨到36.10元/kg（2020年2月），出现大幅上涨。猪价和生猪产能的重大变化，使得饲料生产、生猪养殖、种猪繁育、生猪屠宰、猪肉产品深加工等各行业受到巨大冲击，影响生猪养殖产业健康发展。尤其在我国这样的农业大国，畜牧业收入占比较高，非洲猪瘟疫情会对经济平稳运行带来不利影响。

另外，发生疫情后对生猪实施的扑杀措施、对疫区采取的封锁措施、对非洲猪瘟实施的根除计划等，须投入大量的人力、物力、财力，会对养猪业带来巨大的直接经济损失，也会影响到猪肉及其制品的贸易，从而带来间接经济损失。

第三节　国外防控现状

20世纪60~70年代，西班牙与巴西均暴发了非洲猪瘟疫情，给生猪养殖产业造成了巨大损失。但是，两国通过采取了一系列有效的防控措施，成功根除了非洲猪瘟。西班牙是欧盟第一大生猪生产国，尽管该国生猪饲养量大，但由于猪肉消费习惯特殊以及防控措施得当，从1960年非洲猪瘟首次被传入，到1995年宣布根除，历时35年，西班牙根除了非洲猪瘟。国际社会普遍将西班牙根除非洲猪瘟的经验视为经典。巴西在1978年暴发非洲猪瘟疫情后，从疫情暴发到根除用时7年，从实施净化到根除历时4年，在非洲猪瘟防控成功的国家中也具有代表性。

同时，也有一些根除失败的国家，如俄罗斯，2007年非洲猪瘟传入俄罗斯，至今尚未得到有效控制，这极大威胁着包括中国在内的周边国家的生猪产业安全。

巴西、西班牙、俄罗斯非洲猪瘟防控成败因素对比见表1–1。

表1–1　巴西、西班牙、俄罗斯非洲猪瘟净化成败的因素

因素	巴西（成功）	西班牙（成功）	俄罗斯（失败）
模式方面	按全国生猪养殖的分布特点、猪肉企业的密集程度等，区分不同风险程度，分地域进行控制和根除	将整个西班牙划分为“无疫情监测区”（两年内未发现非洲猪瘟病毒）和“感染区”	自由放养的饲养模式
政策方面	建立疫情通报系统，接收、处理全国所有兽医的疫情汇报	建设“流动兽医临床团队网络体系”	政府效率低，缺乏防控疫情的主体责任机构

续表

因素	巴西（成功）	西班牙（成功）	俄罗斯（失败）
泔水方面	禁止用残羹喂猪	禁止用垃圾食物和泔水喂猪	用未处理的残羹喂猪
转运方面	禁止感染区、风险区内的猪自由移动	严格控制猪群的移动	猪肉制品的非法运输
扑杀方面	扑杀感染区内所有的猪，并将之焚化	一旦确认出现非洲猪瘟，可对所有感染群进行全面扑杀，并对周边猪只做样品调查	不少农场主为逃避惩罚秘密掩埋死猪，造成疫病的扩散
环境方面	彻底清洗、消毒可能受到污染的交通工具、建筑及物品	提供财政支持，改造猪场，提升卫生水平	存在大量未经兽医监督的低生物安全水平的小型农场
检测方面	对有出血症状和繁殖障碍的猪、冷冻猪肉、屠宰场等进行检测	设立国家和地方实验室，对所有猪场进行血清学监测	缺乏集中、系统的防控计划，导致监测系统不完善
经济方面	屠宰补偿	屠宰补偿	经济补偿不到位
宣传方面	广泛宣传非洲猪瘟的危害，对相关从业者（农场主、猪肉加工者）实施培训	广泛宣传，让养殖者意识到非洲猪瘟的可怕性，参与到根除计划中来，支持养殖者自发成立“卫生防御协会”	
口岸方面	控制航运交通，对来自风险区的航班、轮船、邮包进行监控		
外交方面	立即将疫情通报周边国家及相关国际组织		

资料来源：华利忠等，2019。

通过对比成功根除非洲猪瘟国家的经验和防控失败国家的教训（表1-1），人们总结出能否成功根除非洲猪瘟的关键因素主要有：①完善的防控体系：具有迅捷的预警响应系统和疫情应急防控体系、严格的动物流动监管系统和动物产品的可追溯体系。②强有力的防控技术：具有健全的生物安全管理措施和切实可行的监测计划。

学习借鉴两国成功的非洲猪瘟防控和根除经验，对我国非洲猪瘟防控工作具有重要意义。

第二章

病原与流行病学特点

- 第一节　病原
- 第二节　流行病学

第一节 病原

非洲猪瘟病毒为有囊膜的双链脱氧核糖核酸（DNA）病毒，是非洲猪瘟病毒科（Asfarviridae）、非洲猪瘟病毒属（*Asfivirus*）的唯一成员，也是迄今发现的唯一DNA虫媒病毒。

一、非洲猪瘟病毒的形态结构及分类

（一）形态结构

非洲猪瘟病毒粒子呈二十面体对称结构，由内至外分别是基因组、核心壳层、双层内膜、衣壳和外膜（图2-1）。病毒颗粒平均直径为260～300nm，衣壳最大直径为250nm，第三层的脂质双层膜包裹着直径180nm的核壳（第二层），这三层遵循衣壳二十面体轮廓形态。衣壳（第四层）由17280个蛋白质［包括1个主要蛋白质（p72）和4个次要蛋白质（M1249L、p17、p49和H240R）］构成。

（1）5层切面图　　（2）衣壳层整体结构

图2-1　非洲猪瘟病毒结构

资料来源：Wang Nan等，2019。

（二）基因组结构

非洲猪瘟病毒基因组为线性双链DNA分子，大小在170～190kb，有150～167个开放阅读框，可编码150～200种蛋白质。基因组包含一个125kb的保守中心区（C区）和两个由串联重复序列和多基因家族（multigene families，MGF）构成的可变末端区，MGF基因拷贝数的增减可导致不同毒株的基因组大小不同。非洲猪瘟病毒基因组庞大，除不同毒株间的差异之外，同一毒株的培养代次不同也可导致基因突变的发生，这主要是因为该病毒组可随意缺失或获得重复序列。

（三）病毒分类

非洲猪瘟病毒*B646L*基因高度保守，编码主要结构蛋白p72，是常用的基因分型片段，根据序列特点，目前已确认了24个基因型，不同基因型的非洲猪瘟病毒毒株分布有一定的区域性特点。我国首次发现的SY18株为基因Ⅱ型。

非洲猪瘟病毒通常认为仅有一个血清型，但最近的研究报道发现，基于红细胞吸附抑制实验（HAI）可将32个毒株分成8个血清组。非洲猪瘟病毒具有高度抗原多样性，感染后的猪很难获得对异源毒株的保护力。

（四）主要蛋白质及功能

病毒主要由蛋白质和核酸组成，病毒的大多数功能由蛋白质直接行使。非洲猪瘟病毒目前已经明确的编码蛋白质约50个，可以分为以下5种。

（1）病毒主要结构蛋白　如pp220、pp62、p72、p54、p30、pB438L、p14.5、p104R、p10、CD2v等。其中，p72、p30、p54等常作为抗原蛋白，用于非洲猪瘟血清学诊断；p72蛋白质序列高度保守，抗原性非常稳定，因此，常用于建立血清学检测方法和核酸检测方法［如实时荧光定量聚合酶链式反应（qPCR）和环介导等温扩增（LAMP）等］；CD2v可用于建立核酸检测方法，由于其具有良好的免疫原性，也可以作为非洲猪瘟病毒亚单位疫苗研发的抗原蛋白。

（2）病毒装配相关蛋白质　主要是pB602L。

（3）核酸新陈代谢、DNA复制和修复、mRNA转录和加工等所需的酶及因子　如dUTPase、泛素结合酶（UBC）、DNA聚合酶、脱嘌呤/脱嘧啶（AP）核酸内切酶、pS273R等。

（4）调节宿主细胞功能的蛋白质　如pA238L、p54、IAP及Bcl-2样凋亡抑制因子、ICP34.5、MGF360和MGF530、pEP153R等。

（5）与病毒免疫逃避相关的蛋白质　如pK205R、MGF360和MGF530。

二、非洲猪瘟病毒的理化特性

（一）在各种环境中的稳定性

非洲猪瘟病毒可以在血液、各种组织、分泌物和环境污染物中长期保持感染性（表2-1）。因为病毒在血液中含量较高，对外界抵抗力极强，所以含有非洲猪瘟病毒的血液是该病传播的重要因素。

表2-1 非洲猪瘟病毒在各种环境下的抵抗力

分类	材料 / 产品	存活时间
血液	4℃储存的血液 腐败血液 骨髓 冷冻血液 37℃血液	540d 105d 180d 6年 30d
猪肉及猪肉制品	冷冻猪肉 冷却肉 鲜肉和腌制的干肉制品 未经煮熟或高温熏制的火腿和香肠	数年 110d 140d 90～180d
排泄物	4℃粪便 37℃粪便 4℃尿液 21℃尿液 37℃尿液	8d 3～4d 15d 5d 2～3d
环境	被污染的猪圈 土壤	30d 190d

注：所给出时间反映已知或估计的最大持续时间，并取决于实际环境温度和湿度。

非洲猪瘟病毒在动物产品中的耐受力较强，使用未经或未彻底煮熟、风干和含有未经高温处理的餐厨食材（猪肉）等混杂的泔水喂猪，存在传播非洲猪瘟病毒的潜在风险。

（二）对理化作用的抵抗力

非洲猪瘟病毒抵抗力顽强，在富含蛋白质的适宜环境下，可耐受较宽的酸碱度范围和温度范围以及化学试剂（表2–2）。

表2–2 非洲猪瘟病毒对理化作用的抵抗力

理化指标	抵抗力
温度	对低温有很强的抵抗力。在56℃条件下加热70min，60℃条件下加热20min才能将病毒灭活
pH	在无血清的培养基中，pH＜3.9或pH＞11.5才能灭活病毒。血清可以增加病毒的抵抗力，如在pH 13.4条件下，没有血清时病毒可以存活到21h，有血清时病毒可以存活到7d
化学成分/消毒剂	对乙醚和氯仿敏感，8g/L氢氧化钠30min、含2.3%有效氯的次氯酸盐30min、3g/L福尔马林30min、30g/L邻苯基苯酚30min和碘化合物都可以灭活病毒

续表

理化指标	抵抗力
存活力	能在血液、粪便和组织中存活很久，特别是在生肉或没有全熟的肉制品中；能在载体里增殖（如钝缘软蜱）

资料来源：OIE非洲猪瘟技术卡，2009。

第二节 流行病学

非洲猪瘟是一种急性、高致死性的传染病。所有年龄和性别的猪都有可能感染。但是，非洲猪瘟的传播主要以直接接触为主，其传染性并不像一些呼吸系统传播疾病那样高。由于每个猪场的生产、管理和生物安全措施不同，疾病在猪之间（或猪群间）传播的时间可能会从几天到几周不等。

自然感染的潜伏期差异很大，短的4～8d，最长的可达15～19d，OIE《陆生动物卫生法典》定为15d。临床表现从感染7d内急性死亡，到持续几周或几个月的慢性感染不等。致死率取决于毒株的毒力、变化范围等。高毒力毒株的致死率可达100%，且所有年龄的猪均易感。慢性型致死率可低于20%，死亡主要发生在妊娠、幼年、有并发症或由于其他原因而抵抗力下降的猪群中。由于当地猪对病毒会产生抵抗力，所以，在一些非洲猪瘟流行地区，高毒力非洲猪瘟病毒株感染后的猪的存活率也可能很高。

一、传染源

发病猪、带毒猪（康复猪和隐性感染猪）是非洲猪瘟的主要传染源，其中已康复猪和隐性感染猪可终生带毒。病猪的组织、体液、分泌物和排泄物中均含有病毒，因为非洲猪瘟病毒粒子具有双层内膜结构，对各种环境具有较强的抵抗能力，所以未经充分处理的病死猪及被污染的猪肉、猪肉制品等为非洲猪瘟的重要传染源。另外，被污染的饲料、泔水、饮用水、圈舍、车辆、器具、衣物等也可成为传染源。

二、传播途径

非洲猪瘟病毒的传播途径主要有直接传播、间接传播、生物媒介传播和气溶胶传播4种（图2–2）。

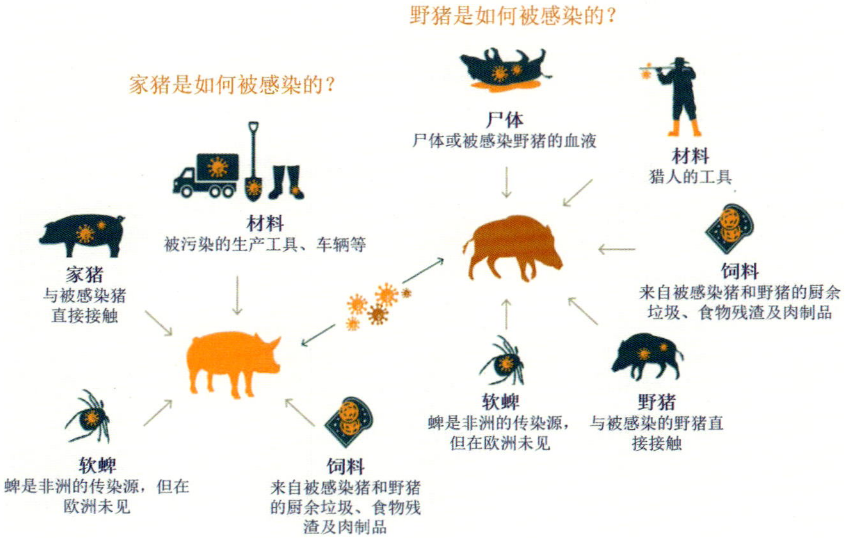

图2-2　非洲猪瘟传播途径

资料来源：瓦格宁根大学与研究中心。

（一）直接传播

感染猪与易感猪直接接触是非洲猪瘟病毒最常见、最有效的传播途径。养殖场发生非洲猪瘟后，病毒传播速度与猪群饲养的密度、相互之间接触的概率呈正相关。易感猪与发病猪经鼻、口接触后极易发生感染，在直接接触的情况下，病毒在血液中出现之前已经可在鼻汁中被检测到。有实验证明，当将易感猪与感染猪直接接触1～9d，可导致易感猪被感染，但若在接触之前加上围栏将其分开，阻挡其直接接触，感染时间为6～15d，这说明直接接触是非洲猪瘟病毒传播的重要方式。

（二）间接传播

被感染猪的血液、各种组织和排泄物均含有大量病毒，可造成饲料、饮水、泔水、衣物、车辆、工具、人员等被污染，并通过此种方式造成非洲猪瘟病毒间接传播。我国非洲猪瘟疫情的发生呈现了跨度大、传播快的特点，主要传播途径就是通过携带病毒的人员、车辆及生猪调运等原因造成的间接传播。因此，对生猪贩运人员和车辆进行严格消毒，严厉打击生猪非法贩运活动，是阻止非洲猪瘟病毒远距离传播的重要方法。

（三）生物媒介传播

非洲猪瘟病毒在非洲野猪种群中的传播主要依赖于寄生在疣猪体表的软蜱。非洲猪瘟病毒可以在软蜱体内存活，感染非洲猪瘟病毒的软蜱叮咬疣猪后，可发生虫媒传播。

（四）气溶胶传播

经研究证实，即使感染猪与易感猪并未发生直接接触，非洲猪瘟病毒也可通过短距离的气溶胶传播，但传播距离不超过2m。

三、传播方式

非洲猪瘟病毒在野猪之间、野猪与家猪之间以及在家猪之间的传播各有特点，主要有4种传播方式（图2–3）。

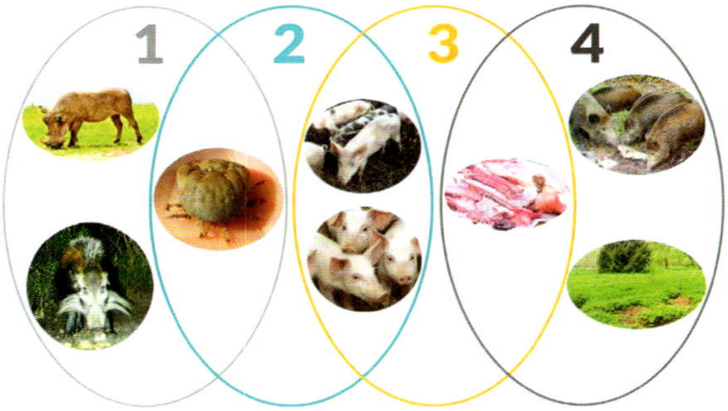

图2–3　非洲猪瘟传播的4个循环
资料来源：Erika Chenais。

（一）丛林传播循环

丛林传播循环是指非洲猪瘟病毒的天然宿主软蜱和疣猪之间的循环，主要存在于非洲南部和东部。非洲钝缘软蜱常寄居于疣猪洞穴中，软蜱是通过吸取感染了非洲猪瘟病毒的疣猪的血液，来实现病毒循环的。软蜱感染非洲猪瘟病毒后可持续保持感染性，感染的软蜱在该病长期存在过程中扮演重要角色。疣猪在迁移时也可将身上寄生的软蜱带入其他地区，从而导致非洲猪瘟的远距离传播。

（二）蜱–猪循环

蜱–猪循环主要是在家猪中传播的传播方式，蜱为自然宿主，携带病毒在人类环境中存在。在非洲和伊比利亚半岛地区，当地的一种软蜱（*Ornithodoros erraticus*）在猪舍中寄生，因为软蜱在离开感染性宿主1年后仍然可以传播病毒，且非洲猪瘟病毒在其体内可存活数年之久，所以，这种软蜱通过吸吮猪血参与了非洲猪瘟病毒的存续和传播。

（三）家猪循环

一旦家猪感染非洲猪瘟病毒后，非洲猪瘟会迅速传播流行。在非洲，很多猪群采取了自由放养方式饲养，这大大增加了病毒传播的概率和范围。生猪贸易或转运、生物安全措施的缺失，是非洲猪瘟疫情扩散流行的主要原因。另外，人员和设备的流动、喂养污染的饲料、感染非洲猪瘟病毒的猪肉制品等都增加了疫病的传播风险。发病后紧急售卖猪只、盲目引进都可传播和引入病毒，加剧疫情的扩散。

（四）野猪－栖息地循环

此传播方式主要指野猪之间的直接传播以及通过栖息地发生的间接传播。栖息地的污染主要包括：感染野猪或家猪尸体、以尸体为食动物间的相互扩散、猪场人员或猎人不合理的丢弃感染动物尸体等方式。在疫情暴发期间，地理位置、生态环境、气象状态和野猪的数量都影响该病的流行规模，且都与该循环有关。

四、易感动物

家猪与野猪对非洲猪瘟病毒均易感，家猪种群中各品种及不同日龄的猪以及改良野猪均可被感染。非洲野生疣猪、丛林猪和巨型森林猪对病毒具有一定的抵抗力，感染非洲猪瘟病毒后很少甚至不表现出临床症状，但可作为非洲猪瘟病毒的储存宿主。软蜱是病毒唯一已知的天然节肢动物宿主，起着储存宿主和生物载体的作用。

第三章

临床症状和剖检病变

非洲猪瘟的发病特征通常表现为猪发热、皮肤发绀和淋巴结、肾、胃肠黏膜明显出血，致死率非常高，在非洲猪瘟流行时，病死率可高达100%。

非洲猪瘟病毒感染的临床症状和剖检病变（表3-1），取决于病毒致病力、暴露途径、猪的品种、感染剂量和该地区的流行状况等多种因素。根据病毒的毒力不同，非洲猪瘟病毒分为三个主要类别：高毒力毒株、中等毒力毒株和低毒力毒株。临床症状从特急性（非常急）到无症状（不明显）均有。如图3-1所示，高毒力的非洲猪瘟病毒会引发特急性和急性症状，中等毒力毒株引发急性和亚急性症状，低毒力毒株引发慢性症状或表现为无症状。

表3-1　不同类型的非洲猪瘟主要临床症状和剖检病变

	特急性	急性	亚急性	慢性
发热	高	高	中等	不规则或不存在
血小板减少症	不存在	不存在或轻微（后期）	短暂	不存在
皮肤	红斑	红斑	红斑	区域坏死
淋巴结	—	胃、肠和肾淋巴结出现大理石样病变	大多数淋巴结呈现血凝块状	肿胀
脾	—	脾充血肿大	脾局部充血肿大或灶性梗死	色泽发黑，变大
肾	—	瘀斑出血、主要在皮脂层	在皮质、髓质和肾盂的瘀斑出血；肾周水肿	—
肺	—	严重的肺泡水肿	—	胸膜炎和肺炎
胆囊	—	瘀斑的出血	壁水肿	—
心	—	心外膜和心内膜出血	心外膜和心内膜出血；心包积液	纤维性心包炎
扁桃体	—	—	—	坏死灶
生殖变化	—	—	流产	流产

资料来源：Sánchez-Vizcaíno 等，2015。

图3-1　非洲猪瘟病毒不同毒力毒株对应的临床症状
资料来源：联合国粮食及农业组织（FAO）。

一、特急性型

发病猪只突然死亡，通常情况下，临床症状和器官病变都不明显。有时可见体温升高至41～42℃，出现呼吸急促、皮肤充血出血等临床症状，病猪死亡率可达100%。

二、急性型

潜伏期为4～6d，临床表现以食欲减退、高热（40～41℃）为主，部分病猪、幼龄猪多以间歇热、白细胞减少、内脏出血（便血）、皮肤出血（尤以耳部、鼻部、腋窝、尾部、会阴部、腹股沟部、四肢末端等无毛或少毛处明显）和高死亡率为特征。流行开始多为急性发病，幸存者常终生带毒。

临床症状主要表现为发烧、厌食、嗜睡，身体虚弱而久卧不起，呼吸频率增加；耳朵、腹部和/或后腿上的蓝紫色部位出血（斑点状或伸展状）；鼻腔和鼻腔分泌物；胸部、腹部、会阴部、尾部和腿部皮肤松弛；便秘或腹泻，可能从黏液到血腥（黑便）；呕吐；各阶段的怀孕母猪流产；鼻子/嘴巴流出血液泡沫，眼睛周围有排出物；尾巴周围的区域可能会被血腥粪便弄脏。

剖检病变主要为皮下出血；淋巴结水肿、肥大和完全出血性淋巴结（特别是胃肠道和肾脏）；脾脏肿大，易碎，深红色至黑色，边缘圆润；肾脏瘀斑（斑点状出血）；心脏中液体过多（心包中带有黄色液体），胸腔积液，腹水；心脏表面、膀胱和肾脏上有瘀点；肺部可能出现充血和瘀点，气管和支气管有泡沫，肺泡和间质性肺水肿严重；胃、小肠和大肠中有瘀点、瘀斑（较大的出血），有多余的凝血；出现肝脏充血和胆囊出血。

三、亚急性型

潜伏期为6～12d，病猪体温升高，常有流产现象。病猪在出现症状后的6～10d内死亡，死亡率可达60%～90%。主要特征为血小板、白细胞暂时减少和出现大量出血灶。

临床症状与急性型相似（通常不强烈），除血管变化更强烈之外，主要会出现出血和水肿；波动性发热，常伴有抑郁和食欲不振；跛行，关节积液肿胀和纤维性肿胀；呼吸困难和肺炎；流产。

剖检病变主要为腹水和心包积液；胆管壁和胆囊壁以及肾脏周围区域水肿（肾周水肿）；部分充血性脾肿大伴局灶性梗死；出血性、水肿性和易碎的淋巴结；与急性型相比，肾出血更强烈且更广泛。

四、慢性型

慢性型非洲猪瘟的主要特征为呼吸困难，怀孕母猪流产和低死亡率。大部分猪都能康复，但终生带毒。

临床症状主要表现为轻微发烧（40 ~ 40.5℃），然后是轻度呼吸困难和中度至重度关节肿胀；皮肤变红的区域变得僵硬和坏死。

慢性型非洲猪瘟以呼吸道、淋巴结和脾脏的眼观和组织学病变为主要特征，包括纤维素性心包炎、胸膜炎、胸膜粘连、肺炎和淋巴网状组织增生肥大等。

临床症状和剖检病变如图3-2~图3-3所示。

（1）皮肤发绀

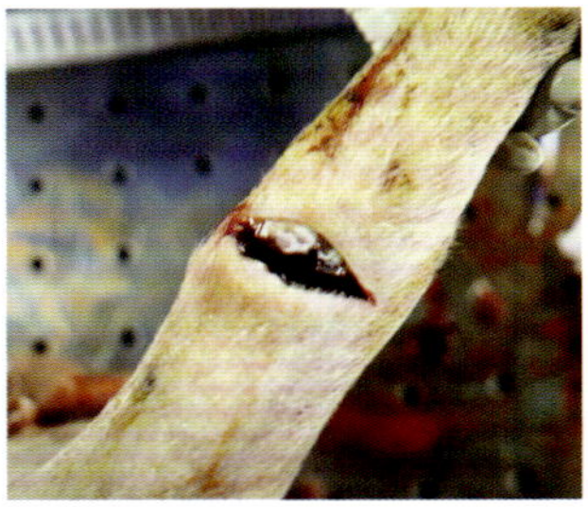

（2）关节积液肿胀

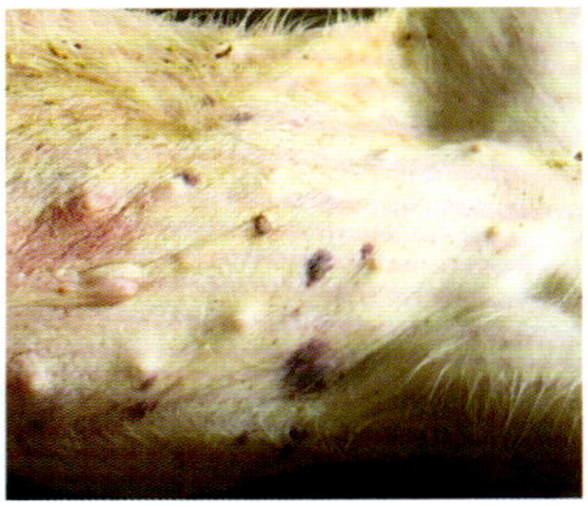

（3）皮肤出血斑

图3-2　非洲猪瘟的临床症状

资料来源：（1）（2）：中国动物疫病预防控制中心；（3）：何伟勇。

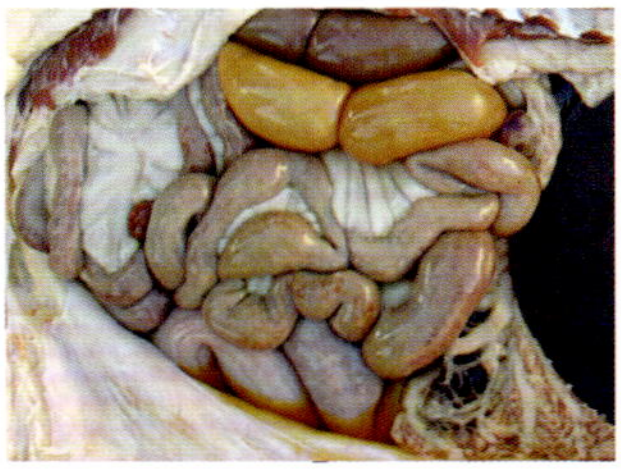

（1）腹腔出血性渗出液-1

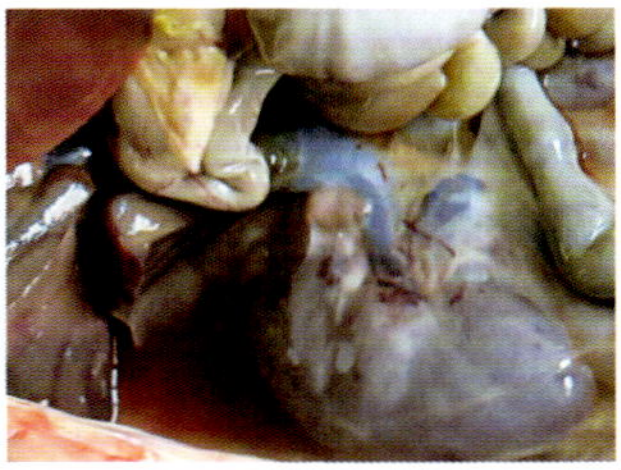

（2）腹腔出血性渗出液-2

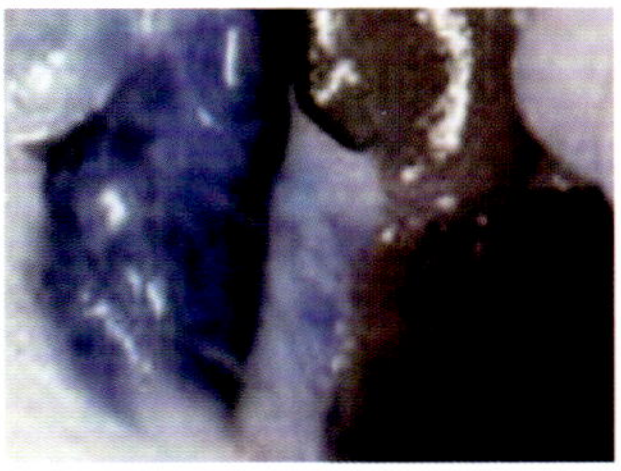

（3）肝门淋巴结血肿

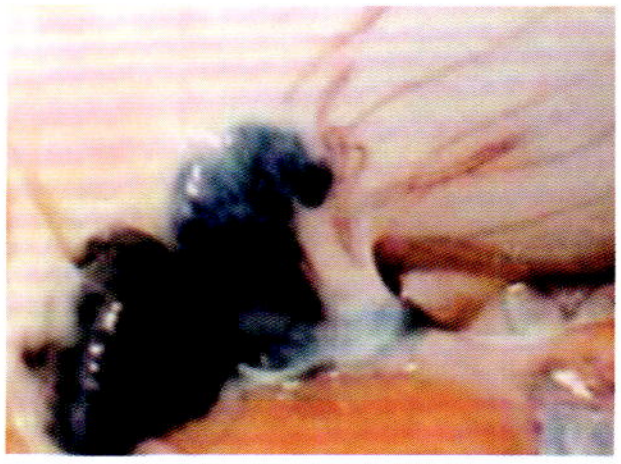

（4）胃小弯淋巴结血肿

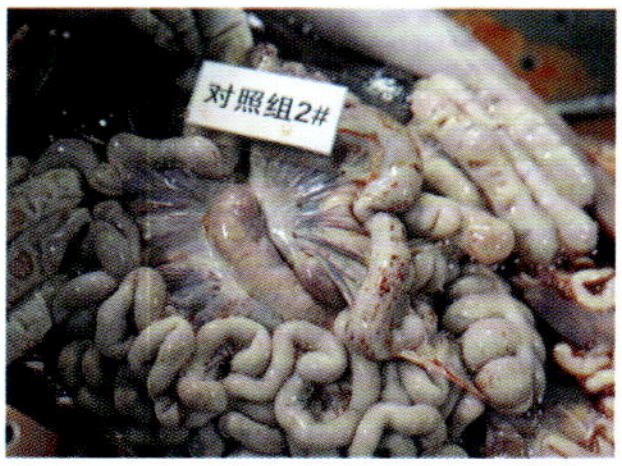

（5）肠黏膜出血-1

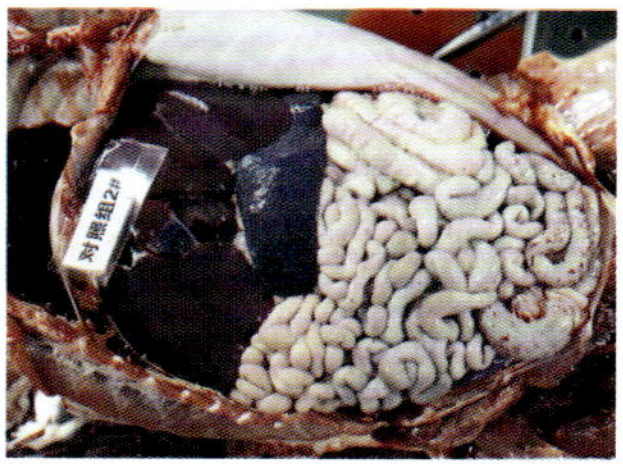

（6）肠黏膜出血-2

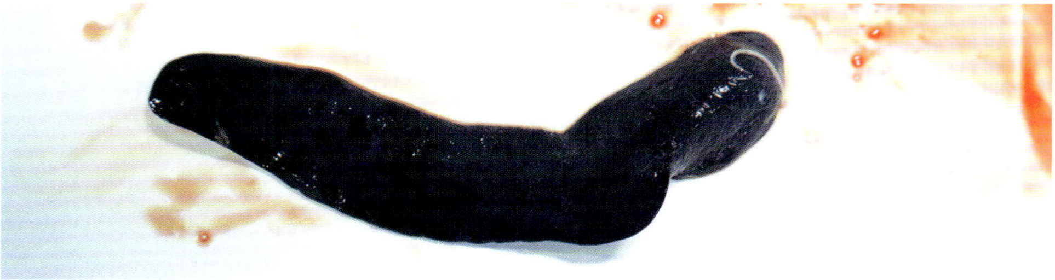

（7）脾脏肿大

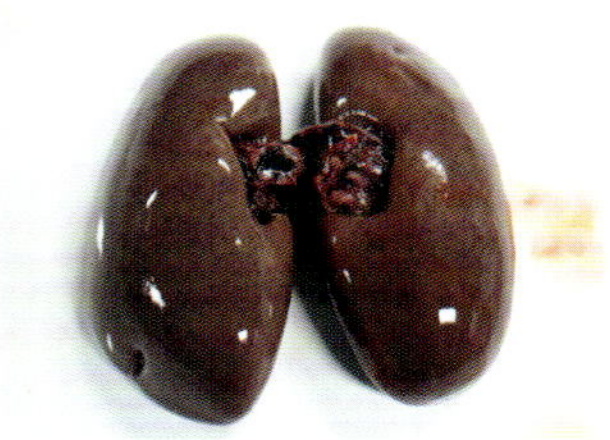

（8）肾脏点状出血

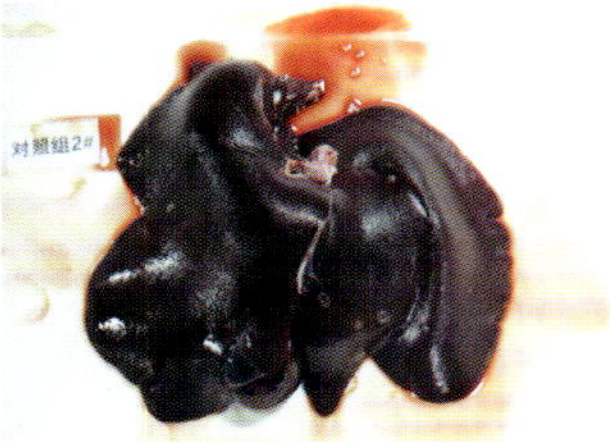

（9）肝脏充血

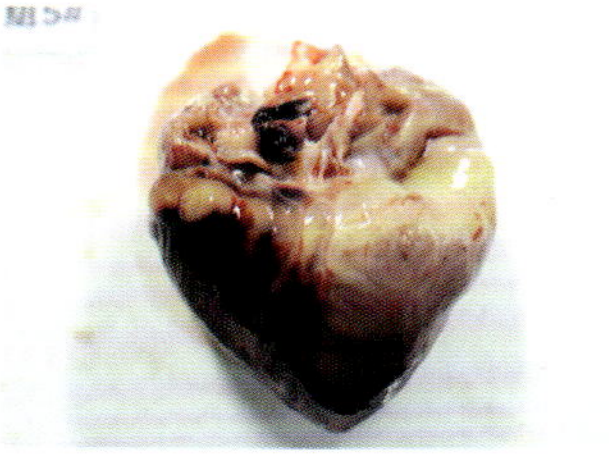

（10）心包积液、出血

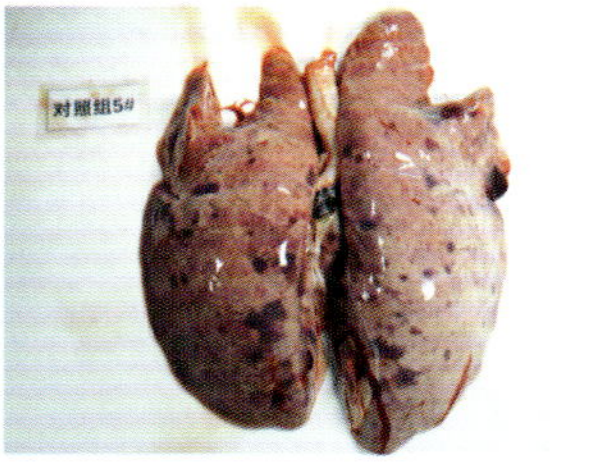

（11）肺脏出血

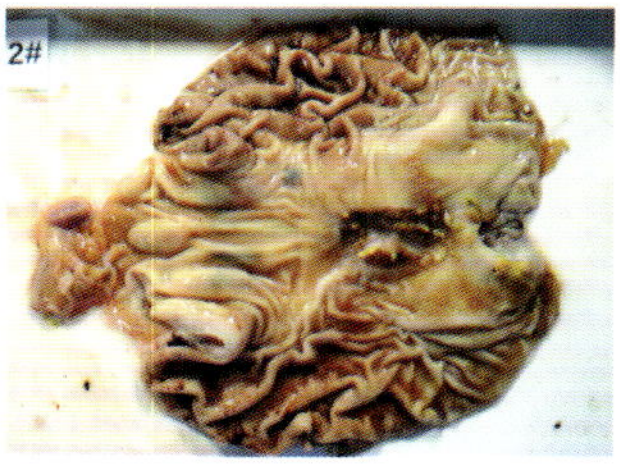

（12）胃出血、坏死灶

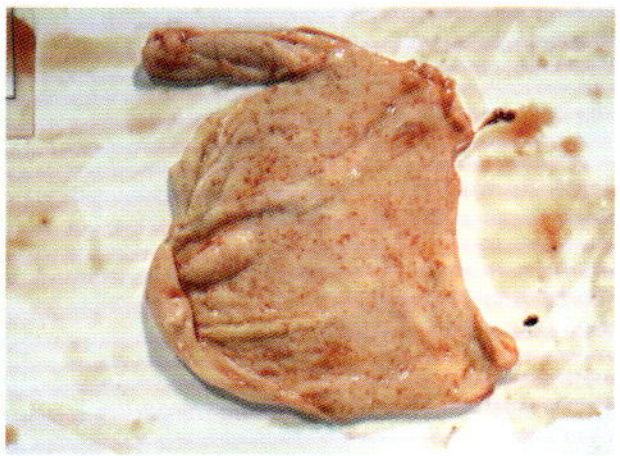

（13）膀胱点状出血

图3-3　非洲猪瘟的剖检病变

资料来源：（1）~（4）：何伟勇；（5）~（13）：中国动物疫病预防控制中心。

第四章

实验室诊断

随着非洲猪瘟不断地发生和蔓延，非洲猪瘟的临床表现越来越复杂多样，仅通过临床观察很难直接确诊。因此，依靠实验室检测技术进行非洲猪瘟的诊断尤为重要。

第一节　非洲猪瘟样品的采集、运输

非洲猪瘟的检测样品采集，必须根据动物的发病时间、发病状态、治疗史来选择最佳的采样时机与最具代表性的样品。根据检测内容，可采集发病动物或同群动物的血清学样品、病原学样品以及环境样品，病原学样品主要包括抗凝血、脾脏、扁桃体、淋巴结、肾脏和骨髓等，如环境中存在钝缘软蜱，也应一并采集。样品的包装和运输应符合原农业部《高致病性动物病原微生物菌（毒）种或者样本运输包装规范》规定。规范填写采样登记表，采集的样品应在冷藏和密封状态下运输到相关实验室。

采样前须提前进行采样试剂的准备，其中有以下材料（表4-1）。

表4-1　采样试剂

类别	试剂
组织保存液	50%甘油生理盐水或50%甘油磷酸盐缓冲液（pH 7.4）
抗凝剂	40g/L乙二胺四乙酸（EDTA）生理盐水溶液
消毒剂	10g/L氢氧化钠溶液、戊二醛类、二氧化氯类等

一、血液样品

1. 血清样品

无菌采集5mL血液样品，将采好猪血的注射器在室温下倾斜，放置12～24h，收集血清，采用冷藏运输。到达检测实验室后，给予冷冻保存。

2. 抗凝血样品

无菌采集5mL抗凝血，冷藏运输。抗凝剂一般选用EDTA（肝素会影响检测）。EDTA是一种强力抗凝剂，与钙结合能力比柠檬酸钠强10倍，既能抗凝又能保护

DNA，所以作为核酸检测中使用的抗凝剂是最好的。采集血液后轻轻上下颠倒，可使血液与抗凝剂充分混匀，这样可在防止血液凝固的同时避免溶血。

二、组织样品

组织样品采集对象为发病、死亡或临床健康的家猪或野猪。

1. 采集组织样品

采集具有明显病变的脾、肝、肺、心等组织器官，选取的部位在病变和健康组织交界处。尽可能减少污染，每取一个组织块，用火焰消毒剪、镊等取样器械，将组织块分别放入盛有组织保存液的灭菌容器内并立即密封，做好标记，注意防止组织间的相互污染。样品到达检测实验室后，–20℃条件冷冻保存。

2. 口鼻拭子（或环境拭子）

用一次性灭菌棉签蘸取、擦拭猪只口鼻（或环境物体表面），将已采样的棉签放入盛有样品保护液的离心管中，当样品到达检测实验室后，–20℃条件下冷冻保存。

3. 钝缘软蜱

将收集的钝缘软蜱放入有螺旋盖的样品瓶/管中，放入少量土壤，盖内衬纱布，在常温条件下保存运输。待样品到达检测实验室后，于–20℃条件下冷冻保存。

三、样品包装

非洲猪瘟样品在以适当温度、最快速度采集完毕后，应进行包装并做好标记后送至实验室进行检测。运输非洲猪瘟样品的包装应使用“三重包装系统”，并符合以下要求。

1. 直接盛装容器

原容器，如玻璃、试管或自封袋等，要求防水防漏；如果有多个容器，需要不同保存条件的应分类分开包裹，防止其互相接触。

2. 二次包装

把样品原容器及吸附性材料放入防渗透的二层容器中。要求二层容器在–40 ~ 50℃范围内可以承受不低于95kPa的压力差，保护内层容器不破损。添加的吸附性材料可用来作为缓冲材料，当原容器发生破损时可以吸收原容器中的液体。通常采用塑料或聚乙烯泡沫冷藏盒作为二层容器。

3. 坚硬的外部包装

外包装应足够坚固，且具有生物危险标识及包装放置方向标识，必要时应标注使用的制冷剂。

外包装和二次包装之间，要放置采样单（置于自封袋内）；如果样品须冷藏或冷冻保存，则应放置冰袋或其他制冷剂及内支持物。冰袋应选用凝胶冰；若使用干冰制冷，外包装应允许释放二氧化碳；若使用液氮制冷，各级容器应使用耐低温材质，并遵守运输液氮的有关规定。

外包装标签和标记如图4-1所示。

须张贴“B类感染物质标签”，其正确的运输名称旁边应标注“B类感染物质”，采样负责人的全名、地址和联系电话，实验室联系人的全名、地址和联系电话，标签上注明保存温度。

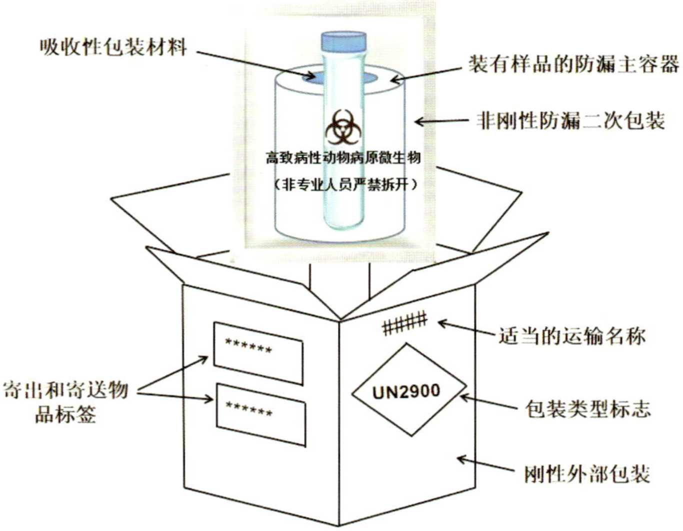

图4-1　B类感染物质的包装和标签三重包装系统的图示

资料来源：中国动物疫病预防控制中心。

所采样品交于接样人员，由接样人员出具检测（监测）任务书，登记详细信息。由实验室检测人员确认接样。

四、样品运输

要根据样品的保存要求及检测目的，妥善安排运送，保障样品质量能满足检测要求。其内容主要包括：样品采集后应尽快送抵接收实验室，在运输过程中尽可能提供样品最佳保存条件，应确保样品的包装安全。

生物安全相关法律法规对非洲猪瘟样品运输的要求为：运输样品必须经相关主管部门批准后方可进行运输。

注意事项

①猪场采集样品前后应做好生物安全防护，避免造成疫情的人为传播。
②抗凝血样品应尽量选用EDTA抗凝剂，肝素会影响实验结果。
③做好样品信息详细记录。
④样品应及时送实验室进行检测。

第二节 实验室诊断

由于目前非洲猪瘟缺乏疫苗，为防止疫病的传播，须实施严格的生物安全控制措施，这就依赖疫病的快速、可靠的早期诊断。非洲猪瘟的实验室诊断方法从检测靶标物质的分子水平上，可以分为三大类：第一类包括核酸检测方法，第二类包括病毒（完整颗粒）检测方法，第三类包括抗体检测方法。检测方法的选择主要根据当地疫情发病情况及实验室的诊断能力而定。三类检测方法均可应用于实验室诊断，同时在综合判定过程中也可依据不同检测方法的最低检出限规定不同检测结果之间的判定优先权和终审权。

我国现行检测非洲猪瘟的方法主要依据《非洲猪瘟诊断技术》（GB/T 18648—2020）和《非洲猪瘟检疫技术》（SN/T 1559—2010），检测方法主要包括聚合酶链式反应（PCR）、环介导等温扩增反应（LAMP）、重组酶介导等温核酸扩增反应（荧光RAA）、抗体的酶联免疫吸附测定（ELISA）实验、病毒分离等。

一、核酸检测方法

核酸检测方法包括PCR检测方法与等温扩增检测方法。在等温扩增检测方法中，本书主要介绍LAMP与荧光RAA检测技术。

非洲猪瘟病毒具有诊断学意义的病毒基因主要为*B646L*。*B646L*大小为1938bp，编码结构蛋白p72（VP73），*B646L*基因高度保守，在不同毒株间核苷酸同源性达95.5%～100%，氨基酸同源性达97.8%～100%。*B646L*序列是公认的分子检测技术引物设计的理想靶向标志物。

（一）实时荧光定量PCR检测方法（qPCR）

PCR是指体外合成特定DNA片段的一种分子生物学技术，由高温变性、低温退火和适温延伸三个步骤反复循环构成，使位于两段已知序列之间的DNA片段呈几何倍数扩增；PCR首先需要从待检样品中提取DNA样品，作为扩增的模板。

实时荧光定量PCR检测方法（qPCR）被OIE及FAO推荐应用于非洲猪瘟病毒核酸的检测。PCR使用特异性引物对病毒基因组的保守区进行扩增，该技术可以检测或鉴定非洲猪瘟病毒所有基因型的病毒，包括毒力弱的病毒和无红细胞吸附现象的病毒。PCR适用于检测腐败样品（注：不能继续病毒分离和抗原检测）。

实时荧光定量PCR可分为SYBR Green Ⅰ染色法与TaqMan探针标记法。

SYBR Green Ⅰ染色法：信号强度和双链脱氧核糖核酸（dsDNA）浓度呈正比。SYBR Green Ⅰ染料能够与任何dsDNA的小沟非特异性结合，每形成一条双链，就会有相应染料与之结合，产生荧光信号，因此，荧光信号的积累与PCR反应过程完全同步。原理如图4–2所示。

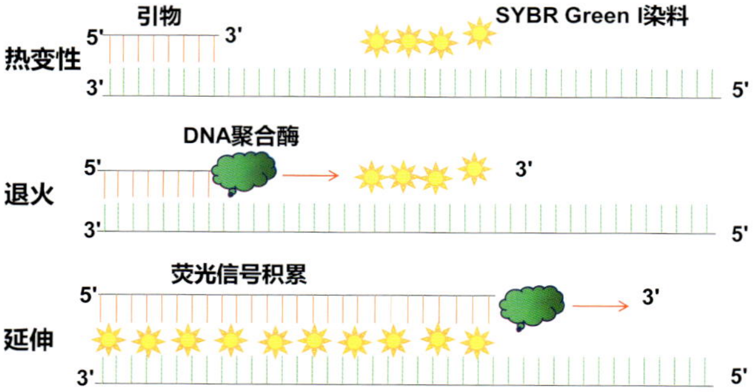

图4–2　SYBR Green Ⅰ染色法原理图

TaqMan探针标记法：信号强度和结合到DNA上的探针呈正比。TaqMan探针的5′端标记报告基团，3′端标记荧光淬灭基团，探针只与模板特异结合，结合位点在两条引物之间。当探针完整时，报告基团的荧光能量被淬灭基团吸收，没有荧光信号积累。随着PCR反应的进行，*Taq*酶将探针酶切，这可导致报告基团荧光信号的产生。每形成一条双链，就会切断一个探针，产生一份荧光信号，信号强度代表模板DNA拷贝数。原理如图4–3所示。

实时荧光定量PCR利用荧光信号的变化可实时检测PCR扩增反应中每一个循环扩增产物量的变化，通过循环阈值（Ct）和标准曲线的关系对起始模板进行定量分析。实时荧光定量PCR检测方法较为先进，可对扩增产物进行自动检测，可规避核酸电泳等后续操作所带来的气溶胶污染风险，而且在多数情况下检测敏感性高于普通PCR。实时荧光定量PCR检测方法适用于任何临床样本，如全血、血清、组织匀浆和细胞培养上清液等，尤其适合检测那些不适用于病毒分离的样品，如已腐败变质的样品或怀疑病毒可能失活的样品。实时荧光定量PCR检测方法能够在几小时内

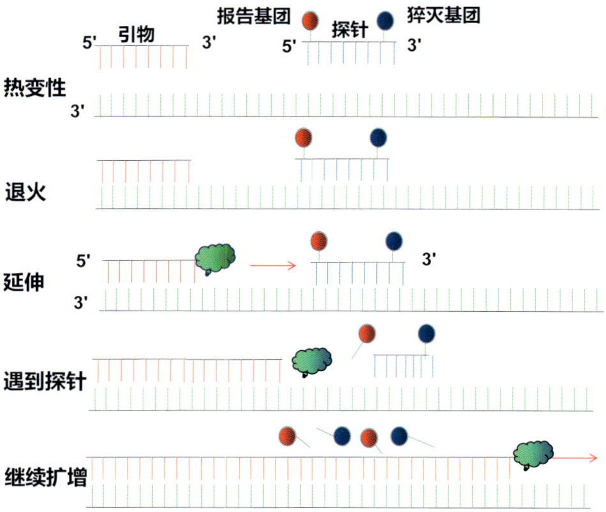

图4-3　TaqMan探针标记法原理图

完成检测，特异性强，敏感性高，在感染动物还未出现临床症状前即可检测到病毒核酸，已成为应用最广泛的非洲猪瘟病原学检测方法。实时荧光定量PCR检测流程如下（图4-4）：

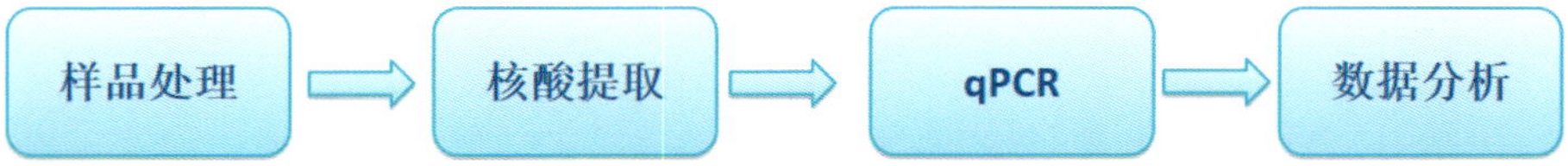

图4-4　实时荧光定量PCR检测流程图

1. 样品处理

（1）组织样品　主要病变组织如肝、脾、肾、淋巴结；以及屠宰场肉样。

①取1.5mL离心管，加入8～10粒直径2mm的钢珠；剪取2～4个黄豆粒大小的组织样品置于干净的平皿中，用干净的剪刀将其剪碎；将剪碎的组织样品移入离心管中，加入700～800μL磷酸盐缓冲溶液（PBS）（0.01mol/L，pH 7.2）制备10%组织匀浆液。

②将上述离心管放入组织研磨器中，30Hz，震荡研磨1～2min。

③将离心管放入60℃水浴锅中灭活30min，期间每隔5min颠倒混匀样品一次。

④灭活后的样品于8000～10000r/min离心4～5min，取上清液待下一步使用。

（2）全血样品　采用自然析出或离心方式获得血清，将血清移至新的1.5mL离心管，在60℃水浴锅中灭活30min，期间每隔5min颠倒混匀样品一次，取上清液待下一步使用。

（3）抗凝血样品　取抗凝血样品1mL至新的1.5mL离心管，60℃水浴锅中灭活30min，期间每隔5min颠倒混匀样品一次；若灭活后难以吸取，可震荡出涡旋后，进行短暂离心；取上清液待下一步使用。

（4）口鼻拭子（或环境拭子）　将盛有口鼻拭子或环境拭子的离心管在60℃水浴锅中灭活30min，期间每隔5min颠倒混匀样品一次。

（5）饲料

①取3～5g饲料样品加入1.5mL离心管，加入8～10粒直径2mm的钢珠；加入700～800μL PBS（0.01mol/L，pH 7.2）。

②将上述离心管放入组织研磨器中，30Hz，震荡研磨1～2min。

③将离心管放入60℃水浴锅中灭活30min，期间每隔5min颠倒混匀样品一次。

④灭活后的样品于8000～10000r/min离心4～5min，取上清液待下一步使用。

2. 病毒核酸提取

可以采用磁珠法提取核酸，在试剂盒预先包被好的提取板中加入20μL蛋白酶K，之后各孔加入200μL前述处理的样品。对照样品应按照操作规程或试剂盒说明书一同按照预设程序进行提取。其他方法可参照试剂盒提取说明书进行操作。

3. 实时荧光定量PCR检测

应选用OIE或国家标准规定的检测方法，商品化试剂盒应选用农业农村部验证和推荐的非洲猪瘟诊断试剂盒产品。

（1）主反应液配制　在无菌的1.5mL离心管中按OIE推荐反应体系进行配制PCR反应混合液或按照试剂盒说明书进行操作，至少额外制备两个样本的量，混匀后将反应液分装至反应PCR管。

（2）PCR反应　先将阴性对照加入分装反应体系中，再将样本提取的核酸按标准或试剂盒说明书要求量加入反应体系中，最后加入阳性对照核酸，按照标准或试剂盒反应程序进行上机检测。

（3）结果分析　Ct值由荧光PCR仪的软件自动确定，也可进行手动调节，保证阈值线在阴性对照之上。

结果成立的条件：阴性对照无扩增曲线，阳性对照有Ct值且有明显的S形扩增曲线，则实验结果成立。

当被检样本出现典型的S形扩增曲线且Ct值符合判定标准时，为非洲猪瘟病毒阳性；当样品无Ct值或Ct值不符合判定标准时，为非洲猪瘟病毒阴性，如图4–5所示。

依据检测结果，即可出具结果报告单。

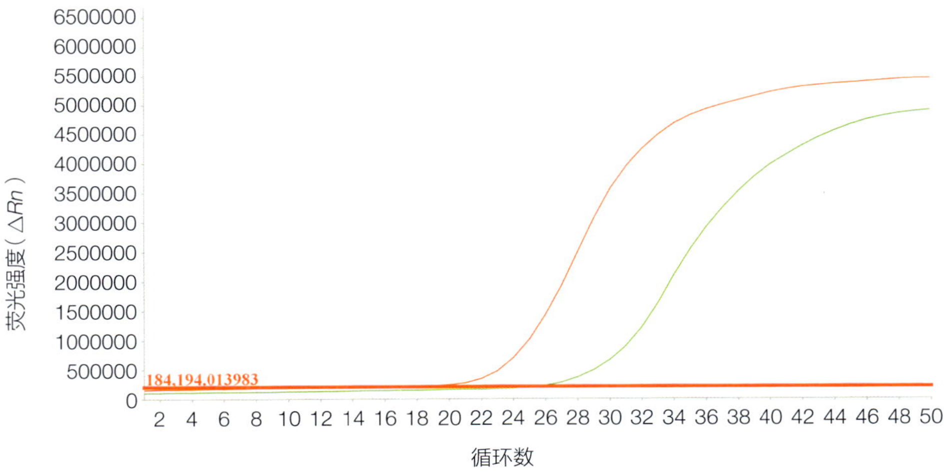

图4-5　非洲猪瘟病毒实时荧光定量PCR检测结果

（二）环介导等温扩增检测方法（LAMP）

环介导等温扩增检测方法（LAMP）是2000年由日本研究人员Notomi等发明的一种新型的体外等温扩增核酸技术，其原理是针对靶基因的6个区域设计4种特异引物，如图4-6所示。在链置换DNA聚合酶（Bst DNA Polymerase）的作用下，在60～65℃条件下恒温扩增，经15～60min即可实现10^9～10^{10}倍的核酸扩增，具有操作简单、特异性强、产物易检测等特点。可通过肉眼观察和反应管颜色变化或利用机器读取曲线判定结果。其工作原理为：在一个复制的过程中，当一个脱氧核糖核苷三磷酸（dNTP）分子结合到DNA链上时会解离下一个焦磷酸根离子（ppi），ppi与反应液中的镁离子结合产生白色沉淀$Mg_2P_2O_7$。应用荧光目视试剂原理：钙黄绿素（螯合剂）与试剂中的镁离子结合处于淬灭状态。扩增反应的副产物焦磷酸离子与锰离子结合可释放钙黄绿素，当淬灭状态解除时，会发出黄绿色荧光。

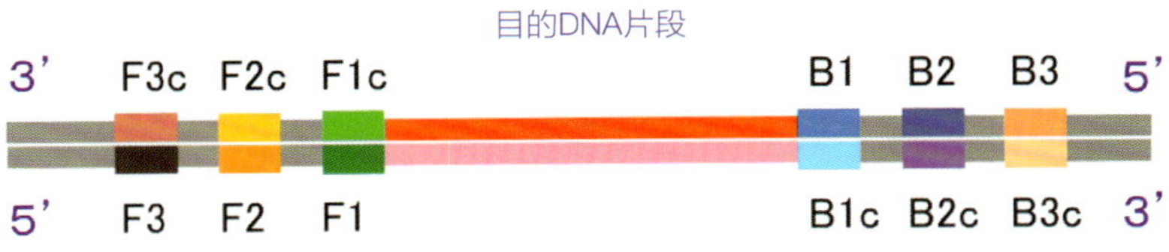

图4-6　LAMP特异性引物扩增位置

LAMP在人类疾病检测中的应用十分广泛，由于LAMP技术具有快速和特异性，其广泛应用于临床疾病的检测，能给患者提供及时有效的医疗方案。LAMP已经成功应用于放线杆菌、肺炎链球菌、金黄色葡萄球菌、沙门氏菌、军团菌、人类疱疹病毒6型和7型、结核分枝杆菌的检测，其中结核分枝杆菌环介导等温扩增（TB-LAMP）在2016年被世界卫生组织（WHO）官方正式推荐为结核诊断产品，该产品已经取得原国家食品与药品监督管理总局备案注册，在中国已经正式销售。

LAMP在动物疫病检测中的应用也有很多报道。Akemi Yano等2007年建立了检测产肠毒素大肠杆菌*LT1*、*ST1*基因的LAMP方法。该方法灵敏度高、特异性强。*LT1*的检测限量为4cfu/管，*ST1*的检测限量为40cfu/管，比传统的PCR方法敏感性高10倍，是诊断肠毒素大肠杆菌的简单、高效、快速方法。Masashi Okamura等运用LAMP技术建立了沙门氏菌株O9群的鉴定方法，灵敏度要高于普通PCR方法。Anne-Lie Blomstrom等报道了检测猪水泡病病毒的一步法逆转录环介导等温扩增（RT-LAMP），在30～60min内，即可通过电泳或者肉眼观察结果。Qu等建立了猪细小病毒LAMP检测方法，该方法既可以应用于猪细小病毒的实验室检测，也可以应用于养殖场的检测。Chen等建立了H9亚型禽流感RT-LAMP检测方法。该方法比普通PCR方法高10倍，在112份临床样品的检测中，RT-LAMP检测结果均为阳性，而普通PCR有7份样品未被检出。Dukes等于2006年建立了口蹄疫的RT-LAMP检测方法，该方法与荧光定量PCR相比，检测灵敏性和特异性相似，且适用于野外检测及发展中国家的口蹄疫监测。Hang Minh Pham等建立了新城疫病毒的RT-LAMP检测方法。该方法可直接对分离培养的病毒及临床样品进行检测，其灵敏性和特异性与巢式PCR相当，并具有费用低、简单易操作、快速等优点。

LAMP诊断方法已经被成功应用于细菌、病毒、真菌、寄生虫等病原的分子生物学检测和诊断，以及动物源性成分、胚胎性别鉴定、转基因检测等。随着LAMP技术的改进和提高、与其他技术的结合应用、检测仪器的改进等，LAMP方法将有更多、更广泛的应用。LAMP检测流程如下（图4-7）：

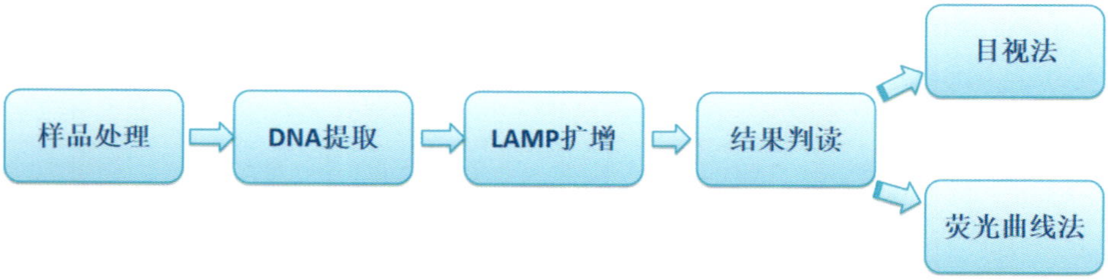

图4-7　LAMP检测流程图

1. 样品处理

（1）组织样品　分别从猪肉组织、淋巴结、脾脏不同位置取样，用手术剪将其剪碎混匀后取0.1g于研磨器中研磨，加入1.5mL生理盐水继续研磨，待匀浆后将其转至1.5mL无菌离心管中，12000r/min离心2min，取上清液200μL备用。

（2）血液样品　无须处理，取200μL备用。

2. DNA提取

可利用商品化试剂盒提取核酸进行反应。

3. LAMP扩增

在实验前20min将试剂从冰箱中取出并恢复至室温，使其完全融化，充分混匀后瞬时离心去除管壁吸附液体。按照试剂盒说明书配制LAMP反应液；然后分别吸取样本DNA、阴性对照、阳性对照加入对应反应管，盖好管盖，转移至扩增仪器进行扩增检测。

4. 结果判读

①LAMP目视检测试剂盒（肉眼判读），图4-8为应用荧光定量PCR仪器检测结果，图4-9为应用水浴锅检测结果。

质量控制：阴性对照为橘黄色、阳性对照变绿色，则实验成立。

结果判读：待测样本变绿色即可判断为非洲猪瘟病毒阳性；否则判断为非洲猪瘟病毒阴性。

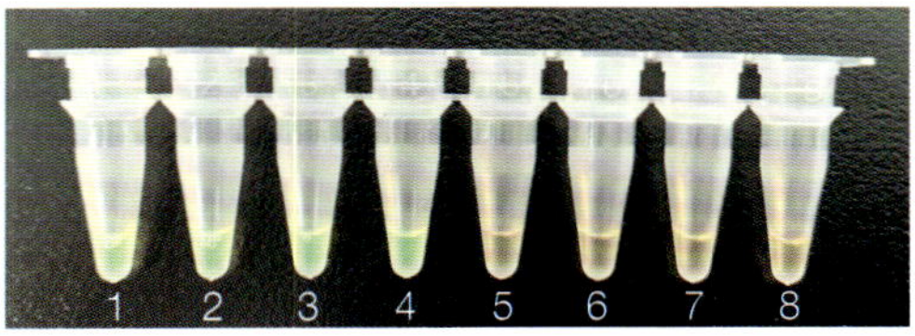

图4-8　实时荧光定量PCR检测结果

1～3—阳性样品　4—阳性对照，呈绿色　5～7—阴性样品
8—阴性对照，呈橘黄色

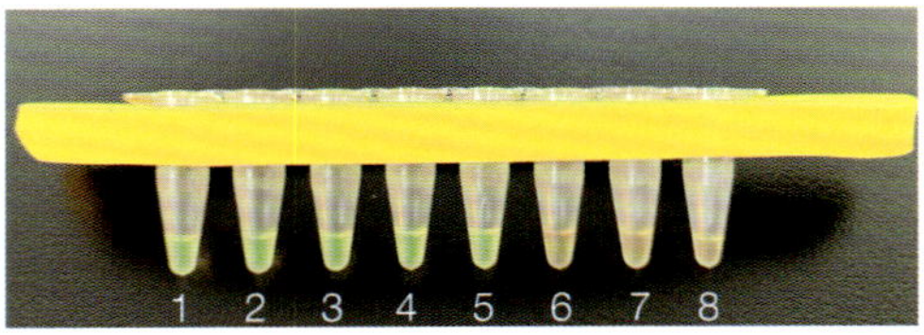

图4-9　水浴锅检测结果

1～4—阳性样品　5—阳性对照，呈绿色　6～7—阴性样品
8—阴性对照，呈橘黄色

②LAMP荧光检测试剂盒（荧光曲线判读）

质量控制：阴性对照无扩增曲线，阳性对照有时间阈值（Tt）且有明显的S形扩增曲线，则实验成立。

结果判读：当被检样本出现典型的S形扩增曲线且Tt值符合判定标准时，判定为非洲猪瘟病毒阳性，样品无Tt值或Tt值不符合标准时，判定为非洲猪瘟病毒阴性。如图4-10所示。

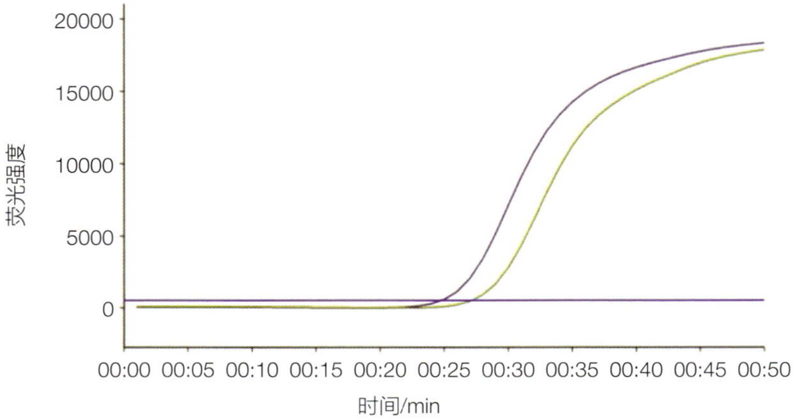

图4-10 非洲猪瘟病毒LAMP荧光检测结果

1—阳性样品 2—阳性对照 3—阴性对照

（三）重组酶介导等温核酸扩增技术（荧光RAA）

荧光RAA检测方法，是一种恒温核酸快速扩增技术，该方法可在等温条件下（37～42℃）、5～15min内实现对目的基因片段的扩增，具有快速、特异、灵敏、设备便携、操作简便、实时观察、自动判读等优势。该方法已成功应用于非洲猪瘟病毒的检测，并显示出了较高的灵敏度及特异性，适合在临床现场进行大规模筛查，具备一定的现场快速检测和应用推广的价值。

工作原理如图4-11所示。荧光RAA是一种不需要热稳定酶和精密热循环仪，利用单链 DNA 结合蛋白（SSB）、重组酶和 DNA 聚合酶，在 37～42℃下 5～30min即可完成核酸扩增的新型等温扩增技术。该技术的原理是在等温的环境下，使重组酶与引物紧密结合，形成引物-酶的聚合体，当带有重组酶的引物在反应体系中搜寻到与之完全互补的 DNA 序列时，在SSB的帮助下，DNA 链解旋被打开，同时在 DNA 聚合酶的作用下，扩增形成新的 DNA 互补链。在恒温条件下，该过程不断重复高效的扩增，最快在反应5min时，目的基因的扩增产物即可达到检测水平。扩增产物可通过实时荧光法进行可视化分析。众多研究表明，荧光RAA 检测方法已成功应用于病毒、细菌、寄生虫、单核苷酸多态性（SNP）的检测，其灵敏度和特异性与 PCR 方法相当。

非洲猪瘟病毒荧光RAA检测方法结果如图4-12所示。建立的非洲猪瘟病毒荧光RAA检测方法最低检出限为10 copies/μL，检测时间仅需10min。

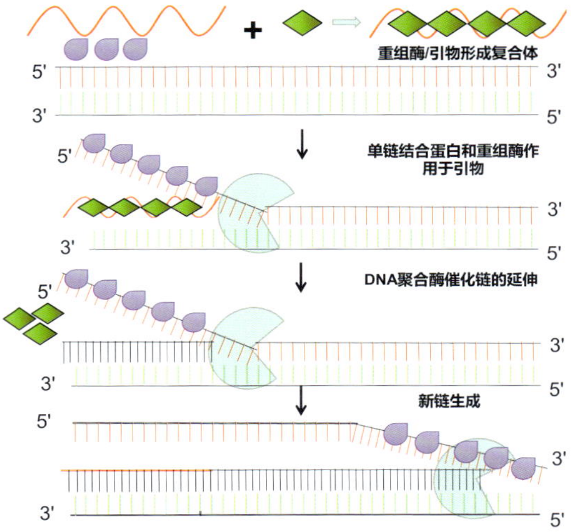

图4-11　荧光RAA原理图

引物　单链结合蛋白　重组酶　DNA聚合酶

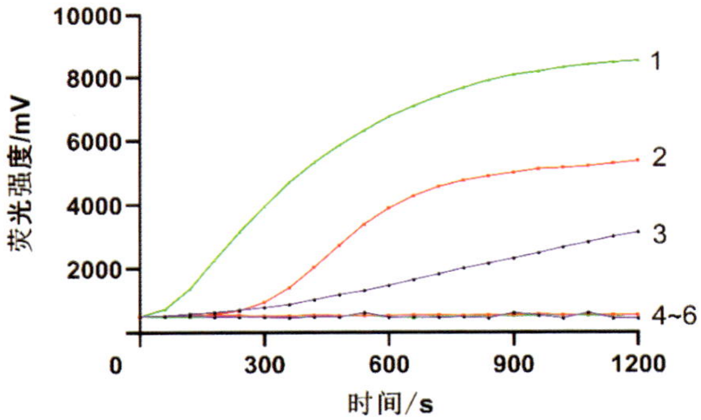

图4-12　非洲猪瘟病毒实时荧光RAA引物的筛选

编号1～3—3种不同ASFV-B646L（P72）引物的扩增曲线　4～6—阴性对照

资料来源：赵凯颖。

二、病毒（完整颗粒）检测方法

（一）高敏荧光免疫分析法

免疫分析是基于蛋白质抗原和抗体之间，或者小分子半抗原和抗体之间的特异性反应的分析方法。荧光免疫分析法具有灵敏度高、可测参数多、动态范围宽、标记物稳定且可实现均相免疫分析等优点，目前已成为一种成熟有效的非放射性免疫分析法且被广泛应用。

荧光纳米颗粒的出现对生物大分子的检测方法产生了重要的影响，不仅提升了现有分析方法的灵敏度，还提供了不可替代的标记灵活性，结合信号放大技术，可进一步提高分析灵敏度，其在荧光免疫分析过程中无疑具有重要的作用。

高敏荧光免疫分析检测流程如下（图4-13）：

图4-13　高敏荧光免疫分析检测流程图

非洲猪瘟病毒高敏荧光免疫分析法样品前处理方法如表4-2所示，样品在处理后立即加入检测卡中，可在高敏荧光分析仪中进行检测结果的判定。

表4-2　非洲猪瘟病毒高敏荧光免疫分析法样品前处理方法

样品类型	处理方法
血液	全血抗凝处理，血清、血浆不做处理
组织	猪脾脏、淋巴结组织做匀浆处理，离心，取上清液待检

（二）夹心ELISA抗原检测方法

夹心ELISA抗原检测方法是利用夹心ELISA法检测非洲猪瘟病毒抗原，将非洲猪瘟病毒p30蛋白单克隆抗体包被于96孔微孔板中，制成固相载体，向微孔中分别加入待测抗原，当待测抗原与连接于固相载体上的抗体结合后加入辣根过氧化物酶标记的p30蛋白单抗（针对p30蛋白的不同表位），形成夹心，将未结合的生物素化抗体洗净后，加入辣根过氧化物酶（HRP）标记的亲和素，再次彻底洗涤后加入3，3′，5，5′-四甲基联苯胺（TMB）底物显色。TMB在过氧化物酶的催化作用下转化成蓝色，并在终止液的作用下转化成最终的黄色。颜色的深浅和样品中的待测抗原呈正相关。用酶标仪在450nm波长下测定各孔吸光度，此法用于计算样品中待测抗原浓度。

夹心ELISA法的灵敏度高，它比直接或间接ELISA法敏感2～5倍；同时，夹心ELISA法使用两种特异性抗体与抗原结合，拥有很高的特异性。夹心ELISA法的缺点是对配对抗体要求很高，如果没有标准化的试剂盒或者已经通过测试的配对抗体，则需要进行配对抗体定制并进行优化，因为降低捕获抗体与检测抗体之间的交叉反应是非常重要的。

检测原理如图4-14所示。

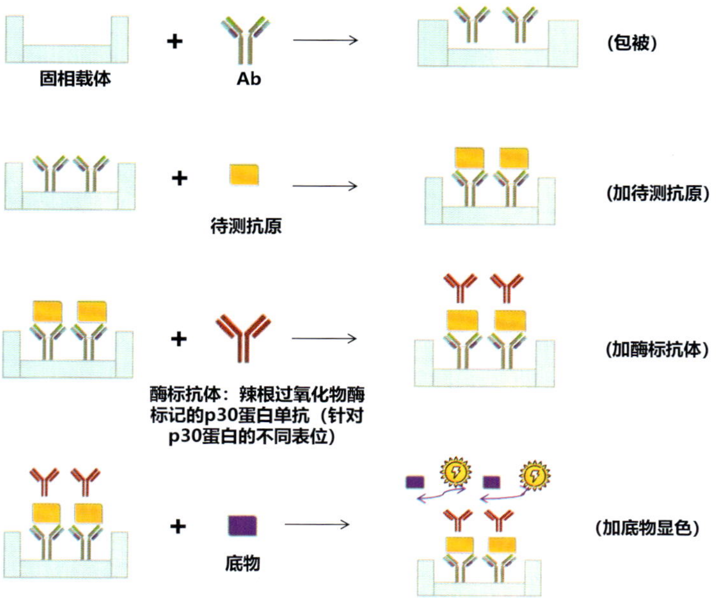

图4-14　夹心ELISA检测非洲猪瘟病毒抗原原理图

三、抗体检测方法

如图4-15所示，非洲猪瘟病毒自然感染的潜伏期一般为4～19d，感染后7～9d血清转阳，抗体阳性可持续终生。非洲野猪对该病有很强的抵抗力，一般不表现出临床症状，但家猪和欧洲野猪一旦感染，则表现出明显的临床症状，可表现为最急性、急性、亚急性或慢性感染。引起的临床表现非常多，比较典型的症状是涉及多器官的出血热。存活下来的感染猪并不会长期带毒，而是随着时间的推移，使病毒载量逐渐降低，最后完全清除病毒。在感染非洲猪瘟病毒后至少90d内，仍然能够在受感染的猪身上用PCR检测出病毒。

《OIE陆生动物诊断实验与疫苗手册》强调："在呈地方性流行或由低毒力毒株引起的初次暴发的地方，对于新暴发病的调查研究应包括应用ELISA检测血清或组织提取物中的特异性抗体；血清学方法在辅助确定非洲猪瘟暴发时的作用不可低估，因为在急性死亡的病例中也可以检出抗体。"目前对非洲猪瘟尚无疫苗可用于预防，通过血清学检测阳性通常可做出确诊。感染后已康复的猪体内的抗体可维持很长时间，有时已康复的猪可终生携带抗体。根据《非洲猪瘟防治技术规范》的要求，从流行病学调查、临床症状等指标怀疑非洲猪瘟疫情的，应采集血清样品进行实验室检测，以便做出疑似诊断。

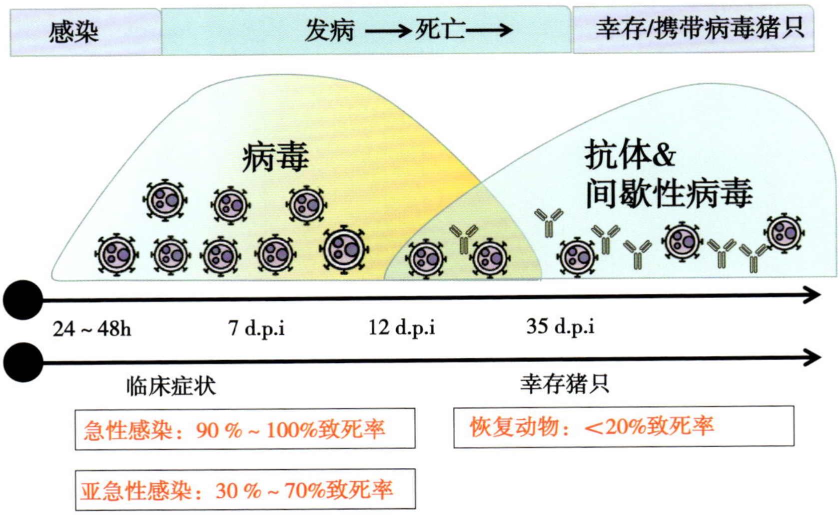

图4-15　伊比利亚半岛及西半球的欧洲家猪中观察到的血液中病毒和抗体随着时间的变化及与非洲猪瘟病毒感染不同阶段的关系（1960—1995年）

注：d.p.i为days post infection，中文译为“感染后天数”。

资料来源：西班牙INIA-CISA＆马德里康普顿斯大学。

（一）血清学样品的采集

无菌采集5mL血液样品，室温放置12～24h，收集血清，冷藏运输。到达实验室后，冷冻保存。

（二）酶联免疫吸附实验

酶联免疫吸附测定（ELISA）是一种常用的检测技术，广泛应用于多种动物疫病的大规模血清学调查，该方法的显著特点是特异性好、灵敏度高、速度快、成本低，借助于自动化设备的使用，可以实现大量样本的快速筛选。非洲猪瘟抗体检测可分为间接 ELISA、阻断ELISA与夹心ELISA三种方法，所用包被抗原也不尽相同。

1．间接ELISA反应原理

首先将杆状病毒表达的非洲猪瘟病毒p30重组蛋白包被在酶标板上，当加入待检样品之后，样品中的特异性抗体将与抗原结合，形成抗原抗体复合物，待洗去未结合的非特异性物质之后，加入酶标记抗体，即为酶标二抗，待酶标二抗与抗原抗体复合物结合后，加入底物进行显色，测定吸光度，吸光度与样品中的非洲猪瘟抗体含量呈正相关，从而可检测出样品中非洲猪瘟的抗体含量水平。如图4-16所示。

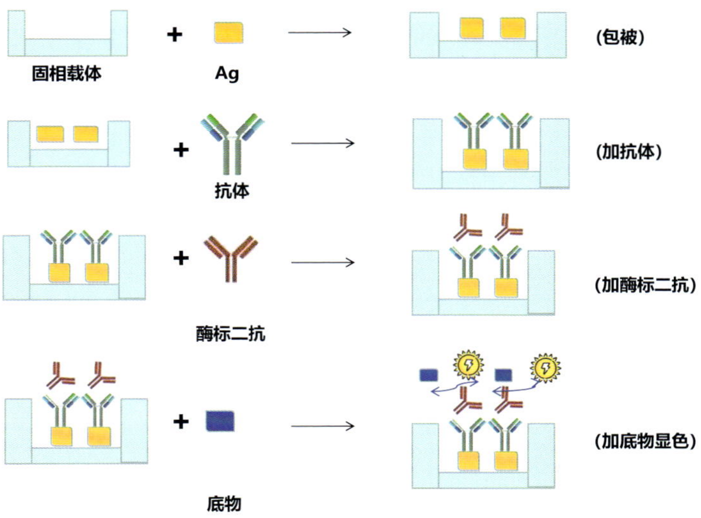

图4-16　间接ELISA反应原理图

2. 阻断ELISA反应原理

将杆状病毒表达的非洲猪瘟病毒p30重组蛋白包被在酶标板上，加入待检样品，使样品中的待测抗体与酶标板上的抗原结合，然后加入辣根过氧化物酶标记的抗非洲猪瘟病毒p30蛋白单抗，此抗体也可以与酶标板上的抗原结合。由于酶标板上包被的抗原数量是有限的，因此，当样本中的抗体量越多时，非洲猪瘟酶标抗体可结合的非洲猪瘟抗原就越少，两种抗体竞争结合非洲猪瘟抗原，加入底物显色后，测定吸光值，吸光值与酶标记物的含量呈正相关，也就是与样品中的非洲猪瘟抗体含量呈负相关。当样品中的抗体含量越多，酶标板孔内留下的酶标抗体就越少，显色就越浅。如图4-17所示。

3. 夹心ELISA反应原理

原理参考图4-14，包被抗原为非洲猪瘟病毒重组p54蛋白，酶标抗原为辣根过氧化物酶标记的重组p54蛋白。酶标板结果颜色的深浅和样品中的抗体含量呈正相关。用酶标仪在450nm波长下测定各孔吸光度，用于判定样品中抗体的阴阳性。

抗体检测可作为感染非洲猪瘟病毒的诊断依据，尤其适合亚急性和慢性非洲猪瘟，适合大规模的抗体筛查。对非洲猪瘟的血清学检测，应在符合生物安全要求的实验室中进行，并得到农业农村部的批准。ELISA方法敏感性强，但在样品保存不好、出现腐败变质等情况下，敏感性会明显降低。为解决样品质量带来的影响，在用 ELISA方法检测不合格血清样品出现阳性或可疑结果时，须用间接免疫荧光实验做进一步确认。

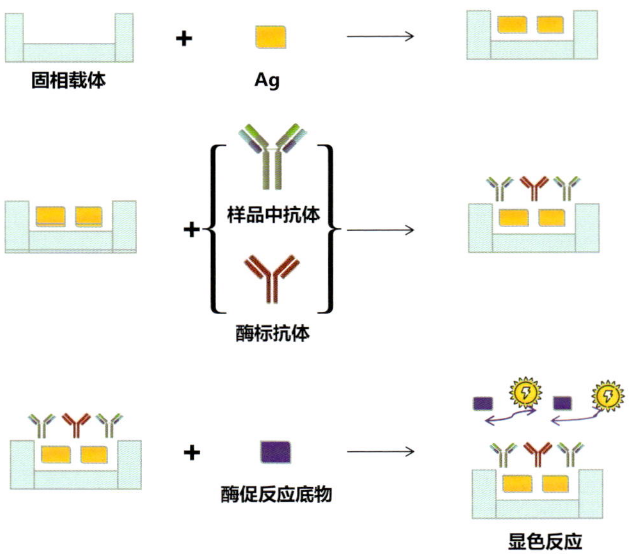

图4-17 阻断ELISA反应原理图

（三）间接免疫荧光实验

间接免疫荧光测定（IFA）是OIE推荐的一种敏感性高、特异性强的快速检测方法，既可用于血清检测，又可用于组织液的检测，当ELISA检测结果不确定或抗原制备困难时，可应用此方法。将感染非洲猪瘟病毒的细胞或者感染重组病毒（表达非洲猪瘟病毒蛋白质）的细胞固定于固相载体制备抗原板上，加入待检血清进行反应，如果被检血清中含有非洲猪瘟病毒特异性抗体，就会与细胞中的非洲猪瘟病毒抗原结合，再加入荧光素标记的第二抗体与抗原-抗体复合物进行结合，在荧光显微镜下观察结果，阳性血清会在感染细胞的细胞核附近呈现特异性荧光。操作时，应同时使用标准阳性和阴性血清作为对照，避免非特异荧光信号引起的误判。

四、检测结果判定的等效性和优先权

核酸、病毒（完整颗粒）与抗体三大类检测方法均可用于实验室诊断，核酸和病毒（完整颗粒）检测方法均为阳性具有等效性，核酸检测方法和病毒（完整颗粒）检测方法中任何一种方法检测为阳性的，均可诊断为非洲猪瘟病例。

核酸和病毒（完整颗粒）检测方法检测结果不同时的判定优先权：当检测结果不一致时，高敏荧光免疫分析法和夹心ELISA抗原检测方法的任何一种的检测呈阴性结果时，仍须经荧光PCR检测方法或荧光RAA检测方法再检，任何一项检出非洲猪瘟病毒核酸阳性的，可诊断为非洲猪瘟病毒感染。

抗体检测方法的阳性判定具有等效性：间接ELISA抗体检测方法、阻断ELISA抗体检测方法和夹心ELISA抗体检测方法，任何一项检测抗体呈阳性，可诊断为抗体阳性。

ELISA方法检测结果不同时的判定优先权：三种ELISA抗体检测方法的检测结果不一致时，须经间接免疫荧光方法进行确认。

五、病毒分离

病毒分离需要在具有非洲猪瘟病毒活动项资格的生物安全三级实验室进行。可用于非洲猪瘟病毒分离的猪原代细胞有猪的单核细胞和巨噬细胞，包括猪血液白细胞（pig blood leukocyte，PBL/PL）、猪肺泡巨噬细胞（porcine alveolar macrophages，PAM）和骨髓来源的单核细胞等原代细胞。病毒分离是将样品接种到上述细胞中进行检测的。如果样品中存在非洲猪瘟病毒，则在感染细胞中会产生细胞病变（CPE）。PAM对非洲猪瘟病毒更为敏感，可作为病毒分离的首选，在接种2d后会出现红细胞吸附（hemadsorption，HAD）反应，3～4d会产生明显的细胞病变（细胞圆缩、肿大形成葡萄串状）。

红细胞吸附实验是非洲猪瘟病毒特有的检测技术，其他猪源病毒在白细胞培养物中不存在红细胞吸附特性。猪的红细胞可以吸附于感染非洲猪瘟病毒的单核细胞和巨噬细胞的表面，形成类似玫瑰花环的现象（图4-18）。红细胞吸附实验的周期为3～10d，出现玫瑰花环的时间长短取决于样品中的病毒含量，浓度较高的样品可在接种细胞后48h内产生红细胞吸附反应，浓度较低的样品则有可能在8d后才会产生红细胞吸附反应。需要特别注意的是，细胞在没有发生红细胞吸附反应的时候会出现CPE，这有可能是由于其他不产生红细胞吸附实验的病毒感染所致。此时，需要采用分子诊断技术（LAMP或荧光定量PCR）进行进一步的确认。

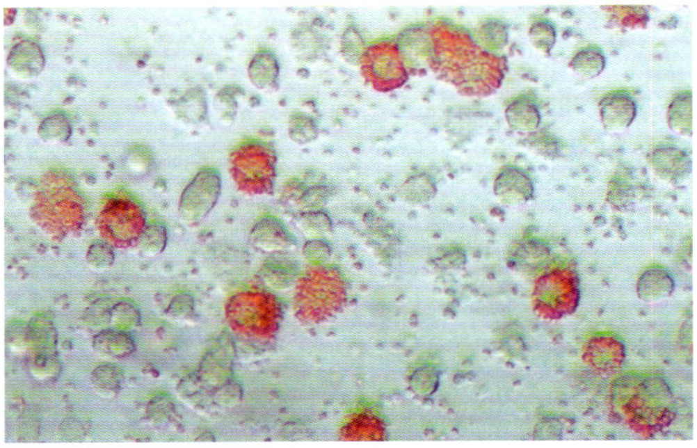

图4-18　红细胞吸附实验

资料来源：中国动物疫病预防控制中心。

第三节 饲料中非洲猪瘟检测技术

一、检测对象

所有的生猪饲料、饲料添加剂的生产企业和生猪养殖场。

二、检测范围

饲料和所有用于生猪养殖的饲料添加剂、混合型饲料添加剂、添加剂预混合饲料、浓缩饲料、配合饲料。

三、抽样方法

1. 抽样方式

每种产品每批次随机抽取数个样品；每个样品200 ~ 300g。

2. 抽样频率

每2周进行1次全覆盖抽样。

四、样品管理

1. 样品登记

生产企业和养殖场分别按照表4–3和表4–4登记相关信息。

2. 样品保存及运输

采集的饲料样品密封保存，常温储存，及时送检。

五、实验室检测

见本章第二节中“实时荧光定量PCR检测方法（qPCR）”。

六、结果报告与处置

任何单位和个人发现检测饲料出现非洲猪瘟病毒阳性，应立即向所在地畜牧兽医主管部门、动物卫生监督机构或动物疫病预防控制机构报告，禁止调运，根据《非洲猪瘟疫情应急预案》做好相应消毒、隔离和处置工作。

表4-3　饲料生产企业样品信息统计表

企业名称	企业地址	联系人	联系电话	抽查样品数量（　个）	样品名称	抽样编号	生产日期	库存数量（t）	备注
				饲料添加剂（　）					
				混合型添加剂（　）					
				预混料（　）					
				浓缩饲料（　）					
				配合饲料（　）					

注：抽样编号：区简称+环节+组号+顺序号（三位），通生1 001。

表4-4　生猪养殖场样品信息统计表

企业名称	企业地址	联系人	联系电话	抽查样品数量（　个）	样品名称	抽样编号	生产企业	生产日期	库存数量（t）	备注
				饲料添加剂（　　）						
				混合型添加剂（　　）						
				预混料（　　）						
				浓缩饲料（　　）						
				配合饲料（　　）						

注：抽样编号：区简称+环节+组号+顺序号（三位），通养1 001。

第四节　屠宰场非洲猪瘟检测技术

屠宰场非洲猪瘟检测包括生猪、胴体、屠宰厂环境、运输车辆及运输备案车辆的抽样检测。

一、抽样

（一）生猪

1. 抽样方式

生猪宰前根据随机采样原则，采集猪只EDTA抗凝血样本或口鼻拭子样本比例不低于5%，且每批不少于5头；对体温升高、精神萎靡、死亡的生猪逐头采样。如图4–19所示。

（1）血液采样

（2）鼻拭子采样

图4–19　生猪采样

2. 抽样频次

批批检测。

3. 样品保存

采集的血液样品放入EDTA抗凝管，采集的棉拭子及时放入装有 1mL PBS（pH 7.2）的 2mL 离心管中，冷冻保存，若当天送样可冷藏保存。

（二）胴体

1. 抽样方式

调入的胴体猪肉根据随机采样原则，每批采集肉样不少于5头。如图4–20所示。

2. 抽样频次

批批检测。

3. 样品保存

将采集的肉样及时放入15mL 离心管中，冷冻保存，若当天送样可冷藏保存。

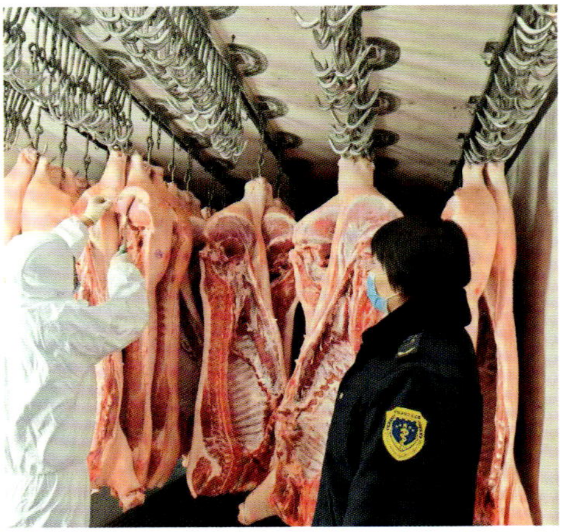

图4-20　胴体采样

（三）屠宰厂环境

1. 抽样方式

（1）待宰圈

①地面：五点式采样，即对地面四周和中间共计5个点进行纱布滚轮或拭子采样。

②围栏：四点式采样，即随机选择4个点进行纱布擦拭或拭子采样。

注：以上场点每次采集的样品可混合处理为一个检测样品。

（2）屠宰线　采样方式见图4–21。

①血槽：三点式采样，随机选择3个点进行拭子采样。

②脱毛机：三点式采样，随机选择3个点进行拭子采样。

③自动劈半锯：用三点式采样，随机选择3个点对自动劈半锯进行拭子采样。

图4–21　环境采样

④同步检疫加工线地面：三点式采样，随机选择3个点对地面进行采样。

注：以上位点每次采集的样品可混合处理为一个检测样品。

（3）无害化处理间　对地面四周和中间共计5个点进行纱布滚轮或拭子采样。

注：以上位点每次采集的样品可混合处理为一个检测样品。

（4）屠宰生产污水处理设施　对污水进行拭子采样，采集5份。

注：每次采集的样品可混合处理为一个检测样品。

（5）检测室

①对检测室离心机、组织匀浆机、荧光 PCR 仪等仪器设备进行三点式采样。

②对地面四周和中间共计5个点进行拭子采样。

注：以上位点每次采集的样品可混合处理为一个检测样品。

（6）采样人员及采样器具　对采样人员服装和采样器具采样用三点式采样，随机选择3个点。

注：以上位点每次采集的样品可混合处理为一个检测样品。

（7）冷库

①对冷库进出通道进行三点式采样。

②对地面四周和中间共计5个点进行纱布滚轮或拭子采样。

注：以上场点每次采集的样品可混合处理为一个检测样品。

2. 抽样频次

每月采集一次。

3. 样品保存

采集的棉拭子及时放入装有 1mL PBS（pH 7.2）的 2mL 离心管中，冷冻保存，若当天送样可冷藏保存。如图4-22所示。

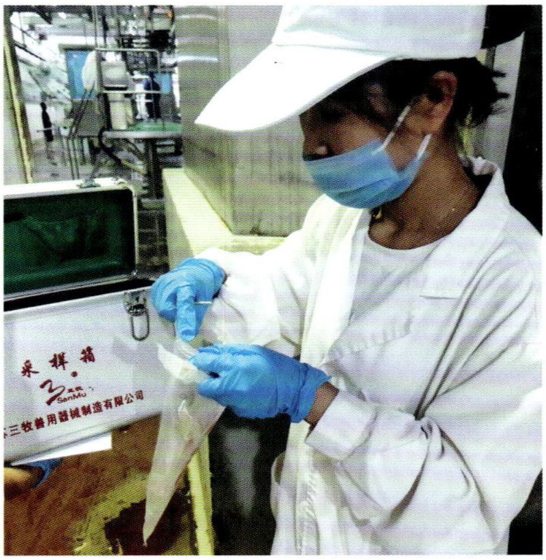

图4-22　样品保存

（四）生猪运输车辆

1. 抽样方式

（1）车厢外、车头、车尾　五点式采样。

（2）车厢内　平均分布多点式采样。

（3）轮胎　采集对角轮胎，每个轮胎四点式采样。

注：以上位点每次采集的样品可混合处理为一个检测样品。

2. 抽样频次

每月采集一次。

3. 样品保存

同一辆车须标注车牌号、出厂前或出厂后采样。采集的纱布或棉拭子应及时放入装有 1mL PBS（pH 7.2）的 2mL 离心管中，冷冻保存，若当天送样可冷藏保存。

（五）生猪运输备案车辆

1. 抽样方式

（1）车厢外、车头、车尾　五点式采样。

（2）车厢内　平均分布多点式采样。

（3）轮胎　采集对角轮胎，每个轮胎四点式采样。

注：以上位点每次采集的样品可混合处理为一个检测样品。

2. 抽样频次及数量

一个月内辖区内使用的所有备案车辆均须检测一次。

3. 样品保存

采集的纱布或棉拭子应及时放入装有1mL PBS（pH 7.2）的 2mL 离心管中，冷冻保存，若当天送样可冷藏保存。

二、实验室检测

见本章第二节中“实时荧光定量PCR检测方法（qPCR）”。

三、结果报告与处置

任何单位和个人，发现生猪、胴体出现疑似非洲猪瘟症状或检测非洲猪瘟病原阳性等情况，应立即向所在地畜牧兽医主管部门、动物卫生监督机构或动物疫病预防控制机构报告；非洲猪瘟病毒检测阳性的场点或机构，应立即上报，禁止调运，根据《非洲猪瘟疫情应急预案》做好消毒、隔离和处置工作。

第五章

生猪养殖场生物安全管理

非洲猪瘟的流行必须同时具备3个基本环节：传染源、传播途径和易感动物，因此只要切断其中的任何一个环节，就可以使该传染病的传播自然中止。鉴于目前暂无批准上市使用的非洲猪瘟疫苗，且对于易感猪只没有可用的有效治疗药物，暂时无切实可行的措施从保护易感动物这一环节有效地控制非洲猪瘟的发生。一旦发生疫情，只能采取封锁等措施来切断传播途径，采取扑杀易感动物等措施来消灭传染源，致使猪场处于被动状态，且会造成严重经济损失。因此，生猪养殖场应强化生物安全管理措施，积极从切断传播途径入手，主动阻止非洲猪瘟的传入。

第一节 生物安全防控设置

一、选址及布局

（一）选址要求

以猪场为圆点，划分500m、1km、3km三个同心圆圈场外安全距离。如图5-1所示。

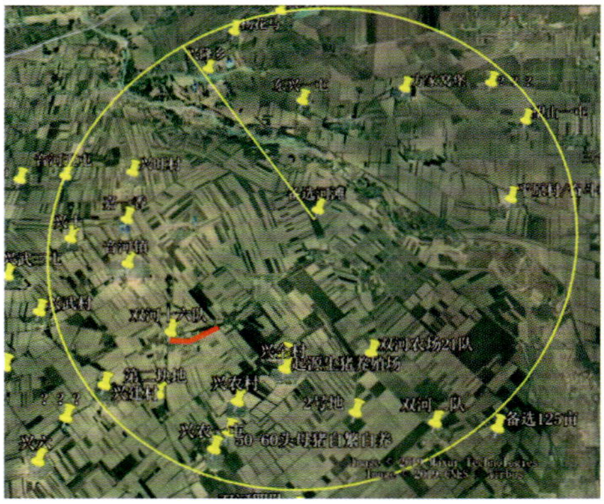

图5-1 猪场周围卫星图示例

（1）距离城乡居民区、文化教育科研等人口集中区域500m以上。距离公路、铁路等主要交通干线500m以上。周边500m范围内无酒店、餐厅、饭店等餐饮服务场所。

（2）距离其他生猪养殖场所、生猪屠宰加工厂、猪肉及相关制品销售市场、非本场专用猪粪肥收集处理场所1000m以上。周边1000m范围内无开放式生活垃圾堆放场点。

（3）距离牲畜诊疗场所、动物隔离场所、无害化处理场所3000m以上。

（二）场区布局

生猪养殖场建设布局应符合《规模猪场建设》（GB/T 17824.1—2008）的要求。

养殖场应建立生产区、生活区、隔离区、场外区等结构性生物安全布局，完成层层过滤式生物安全措施。如图5-2所示。

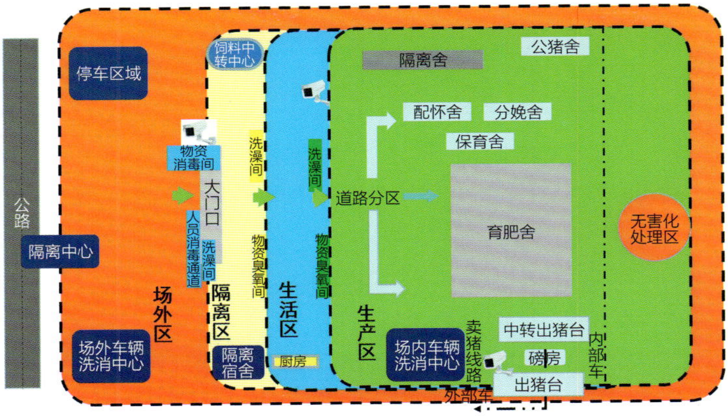

图5-2　结构性生物安全布局

注：上图为多点式饲养模式布局图，楼房式饲养等其他饲养模式的生产区布局应根据实际情况调整，但必须设有生产区、生活区、隔离区、场外区的明显划分区域。有条件的养殖场可分设场外一、二级车辆洗消中心和人员隔离场所。

二、生物安全分区

生猪养殖场应实行生物安全分区管理。结合场区布局，按照生物安全风险等级由低到高分为五级生物安全分区，分别用绿、蓝、黄、橙、红色表示，如图5–3所示。

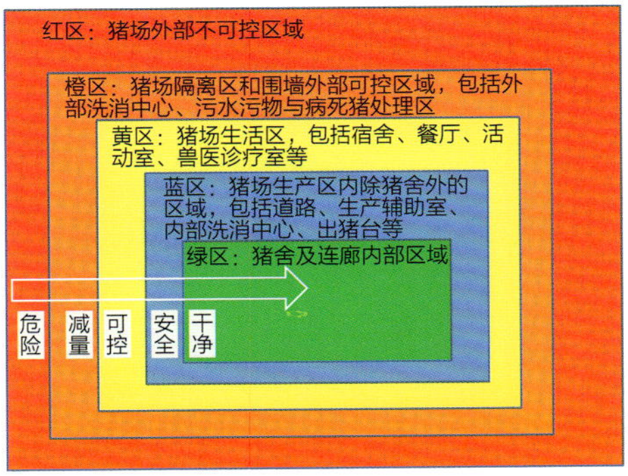

图5–3　五级生物安全分区示意图

红区表示猪场外部不可控区域；橙区表示猪场隔离区、围墙外部可控区域以及猪场围墙周边环境区域，包括外部洗消中心、污水污物与病死猪处理区、人员隔离区；黄区表示猪场内部生产人员的生活区域（主要包括宿舍、食堂、娱乐场所）及场区道路；蓝区表示猪场生产区内除猪舍外的区域，包括道路、料塔、生产辅助室、内部洗消中心、出猪台等；绿区表示猪舍及猪舍连廊内部区域。每跨过一个区域即为一个关口，分别有一、二、三、四、五级关口，每经过一个关口必须进行有效的控制措施，并且遵循单向流动不可逆原则。

（一）地理位置

（1）按照夏季主导风向，生活区应置于生产区的上风向或侧风向，粪污处理区、无害化处理区应置于生产区的下风向或侧风向。

（2）猪舍朝向应兼顾通风与采光问题。

（二）安全距离

（1）各类猪栋舍间应间隔50m或有实体围墙间隔；场内车辆洗消点应远离猪舍至少300m或用实体围墙间隔，应靠近出猪台。

（2）隔离舍距离生产区其他猪舍至少500m，或有围墙隔开；无害化处理区应远离生产区并用围墙隔离。

（3）生活区距离生产区猪舍300 ~ 500m或应用实体围墙间隔；隔离区距离生活区300 ~ 500m；场外区与隔离区之间应设至少2.5m高的实体围墙。

（4）场外车辆洗消中心应距离场区大门口至少800m；场外隔离中心距离场区大门口至少3km。

三、建立分级防疫屏障

非洲猪瘟传播途径复杂多样，能通过车、猪、人、物品间的接触来进行传播，当空气中的病毒载量足够高时，空气也可能成为传播的次要途径。通过建立完善的生物安全体系，按照五级生物安全分区，围绕车辆、猪只、饲料、人员、物资、环境、水源、生物媒介8个方面建立分级、有效的四级防疫屏障，防止非洲猪瘟病毒进入场内。如图5-4所示。

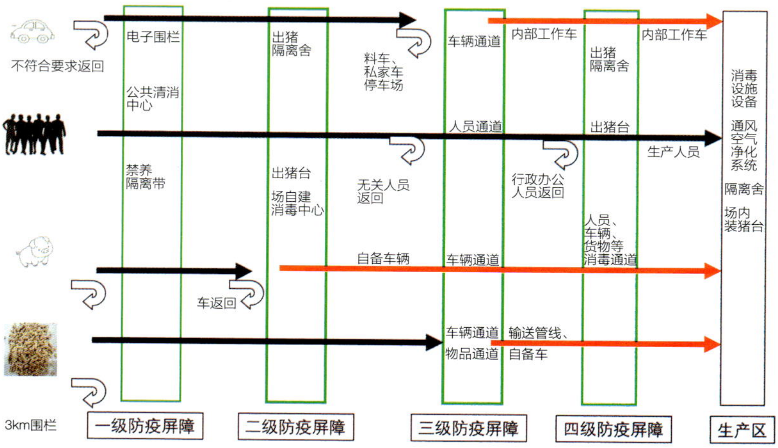

图5-4 四级防疫屏障

第二节 防疫屏障及措施

围绕车辆、猪只、饲料、人员、物资、环境、水源、生物媒介8个方面建立有效的防疫屏障，采取相应的防疫措施，切断传播途径。

一、车辆管理

车辆应遵循专场专用、专车专用的原则。如图5-5 ~ 图5-7所示。

图5-5　散装饲料车

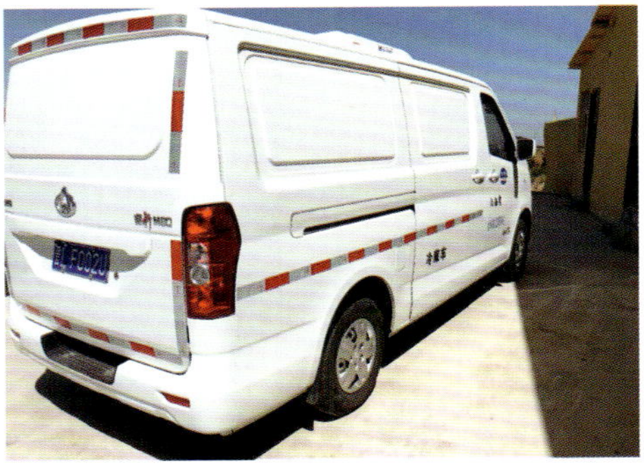

图5-6　冷藏车

图5-7　转猪车辆

（一）一级生物安全管控区

一级生物安全管控区包括生产车辆和非生产社会车辆的猪场外中转、洗消、停车等环节的生物安全管控。

1. 设施设备

（1）生产车辆应为生猪养殖场配置或租赁的专用车辆，并按相关规定备案、加装全球定位系统（GPS），车辆厢壁及底部应做防腐、防渗处理。

（2）场区外建立配有清洗、消毒、沥干、高温烘干以及人员消毒的场外车辆洗消中心。有能力的养殖场可分别建立场外一级和场外二级洗消中心，其中场外一级洗消中心距离养殖场3km，场外二级洗消中心距离养殖场大门800m。如图5–8所示。

（3）场区外建立场外停车场，用于外来车辆的停放。

图5–8　车辆洗消中心

2. 非生产社会车辆

（1）外来运输车　将物资卸载至场外隔离中心后返回。

（2）私家车　一律停在场外停车场，不得入内。

3. 生产车辆

（1）通勤车　是指接驳人员或物资由场外隔离中心至场区大门的中转车。通勤车将人员或物资由隔离中心运至大门口卸载后，经场外洗消中心（场外二级洗消中心）清洗、消毒、烘干，停放在场外停车场指定位置。

行车流程：隔离中心→场区大门口→洗消中心（场外二级洗消中心）→停车场。

（2）饲料运输车　饲料运输车达到猪场大门口卸载饲料前，须历经多道洗消程序。

租用饲料运输车行车流程：饲料厂→社会洗消（或场外一级洗消中心）→隔离中心→场区大门口→返回。

自有饲料运输车行车流程：场外停车场→饲料厂→社会洗消（或场外一级洗消）→隔离中心→场区大门口→场外洗消中心（场外二级洗消中心）→场外停车场。

（3）生猪运输车　生猪运输车辆必须在高温烘干处理后直接到出猪台（间）装猪离场。返场前，应经各级洗消处理后返回停车位置停放。

行车流程：停车场停放→检测合格→场外洗消中心（场外二级洗消中心）→出猪台→离场→空车返回→社会洗消（场外一级洗消中心）→场外洗消中心（场外二级洗消中心）→指定停车区域。

4. 司乘人员管理

（1）司乘人员由猪场统一管理。运猪车严禁由司机以外的人员驾驶。如需进入场内，司机严禁下车。

（2）接触运猪车前，穿着一次性隔离服和干净的工作靴。运猪车应配备一名装卸员，负责开关门，卸载猪只等。装卸员须穿着专用工作服和工作靴，严禁接触出猪台。

（3）司乘人员下车后，应按照人员消毒规程严格进行消毒处理。

（二）二级生物安全管控区

二级生物安全管控区包括生产车辆在养殖场围墙与养殖生产区之间区域的车辆生物安全管控。

1. 设施设备

（1）应在空旷位置设立停车场和车辆消毒点。

（2）应在车辆消毒点和停车区域安装监控设备。

2. 饲料中转车

饲料中转车是指接驳饲料由大门口至料塔的专用车。每次接驳完成后，饲料中转车须经车辆消毒点清洗、泡沫消毒或喷雾消毒后，停放于场内指定停车区域。

行车流程：场内停车场→大门口→料塔→车辆消毒点→场内停车场。

3. 物资中转车

物资中转车是指接驳食品、兽药疫苗、生活物资、设备等由大门至各个储备库的专用车。每次接驳完成后，物资中转车须经车辆消毒点清洗、泡沫消毒或喷雾消毒后，停放于场内指定停车区域。专车专用，不得混用。

行车流程：场内停车场→大门口→物资储备处→车辆消毒点→场内停车场。

（三）三级生物安全管控区

三级生物安全管控区包括养殖场生产区内部区域的车辆生物安全管控。

1. 设施设备

（1）场区内建立配有清洗、消毒、沥干、高温烘干以及人员消毒的场内车辆洗消中心。

（2）设立专车停车区域。

2. 生产区转运车

生产区转运车是指转运病死猪、销售猪、粪污及其他物品的车辆，应专车专用，不得混用。生产区转运车使用后应经场内洗消中心清洗、消毒、高温烘干，停放至指定区域。

病死猪转运车的行车流程：猪舍→无害化暂存点→场内洗消中心→指定停车区域。

无害化暂存点外部开口应位于生产区外，病死猪转运车的停车区域应远离猪舍。如图5-9所示。

销售猪转运车的行车流程：猪舍→出猪台→场内洗消中心→指定区域。

图5-9　病死猪转运车

二、猪只管理

（一）一级生物安全管控区

生猪养殖场应建立自繁自养饲养模式，非必要不引入猪只。

1. 设施设备

建立场外猪只隔离舍并配备人员隔离设施。

2. 后备猪引入

猪场引入后备猪前，须建立科学合理的后备猪引种制度。

引入流程：引种前评估→引种路线规划→隔离观察→入场前评估→入场。引种前评估包括资质评估和健康度评估。

（1）资质评估

①国内引种的：引种前须查看供种场是否具备《种畜禽生产经营许可证》，所引种的后备猪是否具备《种畜禽合格证》《动物检疫合格证明》及《种猪系谱证》。

②国外引种的：须查看国务院畜牧兽医行政部门的审批意见和出入境检验检疫部门的检测报告。

（2）健康度评估　引种前须评估供种场的猪群健康状况，供种场的猪群健康度一定要高于自身规模猪场。健康度评估内容包括：猪群的临床表现，口蹄疫、猪瘟、非洲猪瘟、猪繁殖与呼吸综合征、猪伪狂犬病、猪流行性腹泻及猪传染性胃肠炎等病原学和血清学检测结果，死淘记录，生长速度及料肉比等记录。

（3）引种路线规划　后备猪转运前对路线距离、道路类型、天气、沿途城市区县、猪场、屠宰场、村庄（社区）、加油站及收费站等开展调查分析，确定最佳行驶路线和备选路线。

（4）隔离观察　国内的后备猪在场外隔离舍进行隔离；国外引种的后备猪，在指定的隔离场进行隔离。猪只到达隔离舍前须完成隔离舍的清洗、消毒以及物资和人员储备。在隔离期内，密切观察猪只临床表现，并开展病原学检测，必要时实施免疫。隔离期为40～60d。

（5）入场前评估　隔离结束后，须对猪只进行健康评估，包括口蹄疫、猪瘟、非洲猪瘟、蓝耳病、猪流行性腹泻及传染性胃肠炎等抗原检测，以及猪伪狂犬病gE抗体、口蹄疫感染抗体、口蹄疫O型抗体、口蹄疫A型抗体、猪瘟抗体及猪伪狂犬病gB抗体等抗体检测。

3. 精液引入

精液经评估后引入，评估内容包括供精资质评估和病原学检测。

（1）供精资质评估　外购精液具备《动物检疫合格证明》；由国外引入精液，具备国务院畜牧兽医行政部门的审批意见和出入境检验检疫部门的检测报告。

（2）病原学检测　猪瘟、非洲猪瘟、猪蓝耳及猪伪狂犬病等病毒和链球菌等细菌检测均为阴性方可入场。

非液氮罐运输　精液运送至场区大门口物资消毒通道，去除最外层包装，然后使用75%酒精进行喷雾消毒，使用专用运输箱将其装载运至生产区物资消毒通道，去除一层包装，采用75%酒精进行喷雾消毒。进猪舍前，去除所有包装。

液氮罐运输　去除液氮罐外包装，擦拭后直接转运至场内。

（二）三级生物安全管控区

养殖场生产区内部区域的猪只生物安全管控，包括猪只的转群、病死猪或淘汰猪转运、生猪出栏。

1. 设施设备

（1）远离猪舍位置建立无害化暂存点（库），并配备可供人员消毒、更衣的消毒点。

（2）在生产区靠近育肥猪舍处建立出猪台，并配备冲洗设备和人员消毒点。出猪台应设计两个，一个用于正常猪，另一个用于淘汰猪。如图5-10所示。

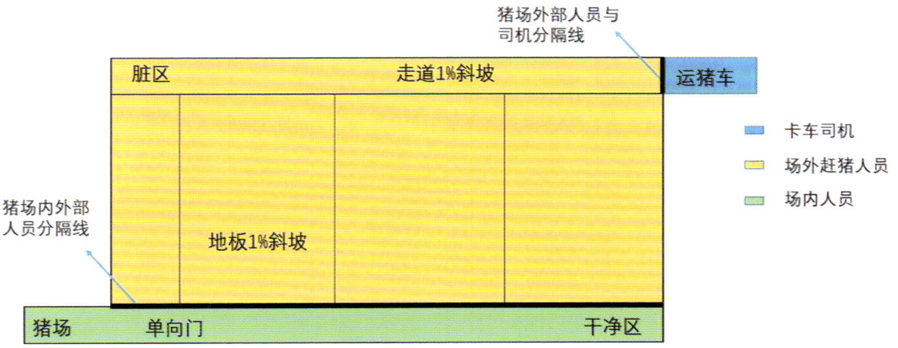

图5-10　出猪台示意图

注：按照颜色划分人员可工作区域。

①应在距生产主区50m以外的位置建立出猪台，并加盖防雨棚，在出猪台周边加设独立排水系统，防止雨水和冲洗水的回流。出猪台是除大门门岗外唯一与外界接触的地方，必须设置标识，禁止人员交叉往来。

②出猪台应划分污区、灰区和净区，按照净区→污区原则单向流动，禁止猪的双向流动。禁止外界污水倒流回猪场内，外界人员不能进入出猪台，场内人员不能接触外界猪车和外界人员，装上车的猪只不能返场，一旦场内工作人员接触到污区必须更衣、换鞋、消毒后方可回到生产区。

③严格执行出猪台冲洗消毒程序，即每次周转前后必须各清洗、消毒、干燥1次，并做好消毒、使用记录。

④消毒时应对猪的整个走道、装猪台及停车红线区进行彻底消毒。先清洗消毒场内净区和灰区，后清洗消毒场外污区，方向由内向外。

⑤做好出猪台车辆与外界车辆的对接管理。

2. 猪只转群

隔离舍、后备猪培育舍、配怀舍、分娩舍、保育舍及育肥舍严格执行“全进全出”模式。转群车辆须用本场专用车辆，且要提前清洗、消毒、干燥。转群时，避免不同猪舍的人员出现交叉流动。转群后，对猪群经过的道路进行清洗、消毒，对栋舍进行清洗、消毒、干燥和空栏。如图5-11、图5-12所示。

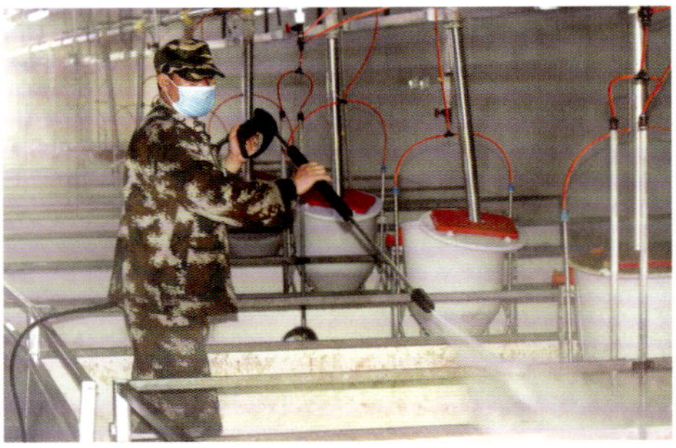

图5-11　冲刷栏舍

图5-12　喷雾消毒

3. 死淘猪只

所有病死猪均须进行非洲猪瘟临床诊断，可疑病例进行采样检测。病死猪应及时转运至病死动物无害化处理暂存间（库）（图5-13），清运人员及转运工具在返回养殖场所前须进行彻底清洗消毒。清运顺序为种猪区、保育舍、育肥舍，最后至暂存点。清运病死猪后须对病死猪所在栏舍进行消毒。收运病死动物的无害化处理运输车应停在远离养殖场的位置，由养殖场外部工作人员转运交接。

图5-13　病死猪暂存点

4. 生猪出栏

现代化生猪养殖场实行“全进全出”生产模式，以便对猪舍进行彻底消毒。采用分区赶猪法进行猪只的转运。将整个赶猪区分为净、灰、污三个区域，猪场一侧（或中转站自有车辆一侧）为净区，猪场外部拉猪车辆为污区，中间地带为灰区。不同区域由不同人员负责，禁止人员交叉、跨越、逆行。猪群全部转出后，进行猪舍全面清洗、消毒和空栏。

在非洲猪瘟的传播过程中，人为调运生猪是病毒传播的重要方式。我国已查明的68起家猪非洲猪瘟疫情中，由生猪及其制品跨区域调运引发的疫情有13起，占全部疫情的19%；由生猪调运车辆和贩运人员携带病毒后，不经彻底消毒进入其他猪场造成疫情扩散的事件，占全部疫情的46%。因此，病死猪转运及生猪调运环节，应严格按照《中华人民共和国动物防疫法》和有关规定执行，故意散播病毒的企业和个人将受到法律严惩。

生猪调运还应严格执行《中华人民共和国农业农村部公告第79号》有关规定做好车辆监管，并按照《农业农村部关于切实加强生猪及其产品调运监管工作的通知》（农明字〔2018〕第29号），以及《农业农村部关于进一步加强生猪及其产品跨省调运监管的通知》（农明字〔2018〕第33号）等法规文件的要求执行。

（三）四级生物安全管控区

猪舍内部区域各个单元的猪只生物安全管控，包括栋舍消毒、猪群消毒、粪污处理、巡查管理、免疫管理等环节的管控。

1. 设施设备

（1）监控设备　在栋舍入口应安装监控设备，对人员进出进行有效管控。

（2）消毒设备　每个单元内部应设立微雾消毒系统，微雾管喷头应悬挂于舍内高2m处，并配套电脑远程控制系统。同时，配有喷雾消毒机等其他消毒设备。

（3）通风设施　每个单元设立独立通风设备。

（4）单元化设施　采取实体墙、隔板、围栏等物理式隔离，饮水、饲料分栏位供应，单元间无粪污交叉污染，如图5-14、图5-15所示。

图5-14　单元舍内分栏设置图

图5-15　饲料分栏管道供应

2. 栋舍消毒

（1）空舍消毒　在进猪前和出猪后均须进行全面细致的空舍清洗、物品消毒、水线消毒和栏舍消毒工作，应确保消毒无漏洞。栏舍消毒可用不同消毒剂消毒2次，消毒后须空栏5～7d。

（2）带畜消毒　栏舍内每日清理粪便和垃圾，发现蜘蛛网随时清理，禁止长期堆积垃圾。每周进行2～3次喷雾消毒，以均匀湿润墙壁、屋顶、地面，猪体表稍湿为宜，不得直接喷向生猪，免疫前后2d不得实施带畜消毒。

3. 猪群消毒

（1）待产母猪消毒　母猪进入产房前，应进行体表清洗和消毒，母猪分娩前用1g/L高锰酸钾溶液对外阴和乳房进行清洗消毒。

（2）仔猪消毒　仔猪断脐、断尾、剪齿后要严格消毒。

4. 污物处理

每个单元应有独立的粪便、污水排放管道，应将污物定期及时清理并转运至集中处理点，按《畜禽粪便无害化处理技术规范》（GB/T 36195—2018）进行有效处理、回收利用或排放。如图5–16、图5–17所示。

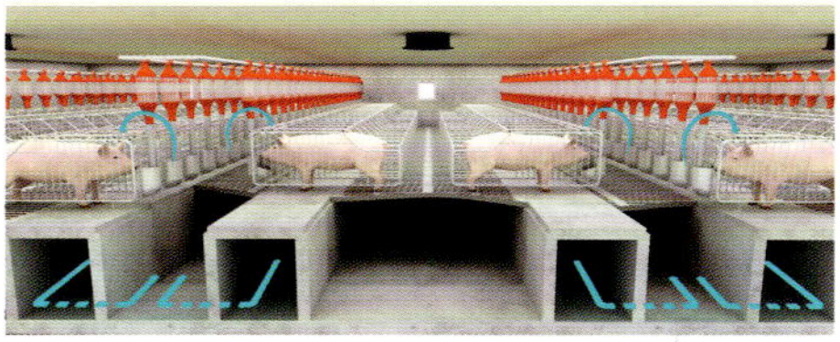

图5–16　猪舍粪便污水通道模式图

图5–17　有机农业循环图

5. 巡查管理

建立生猪健康临床检查制度和检查标准，有条件的可安装或配备移动式生猪健康智能检查设备，利用智能监控系统进行监测。每日进行一次生猪数量、发热、死亡及其他异常情况巡检。如发现疑似病例，应立即采样，开展非洲猪瘟等疫病排查。如图5–18、图5–19所示。

图5-18　温度检查

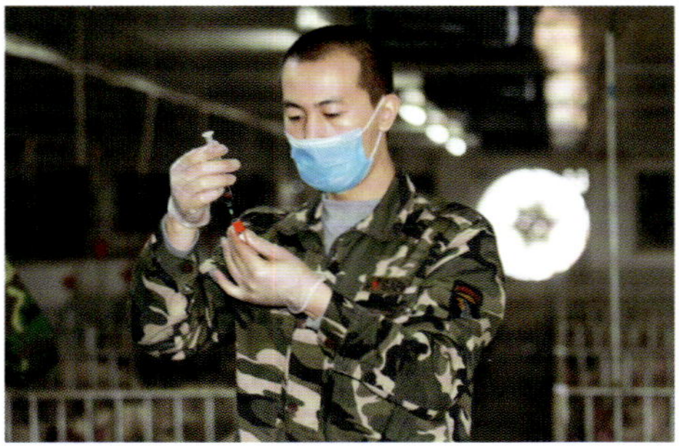

图5-19　采样

6. 免疫管理

（1）养殖场应当按照《中华人民共和国动物防疫法》要求，主动履行强制免疫责任。要在动物疫控机构的指导下，按照科学的免疫程序，做好生猪口蹄疫、猪瘟等重大动物疫病的免疫工作。春防、秋防期间应进行集中免疫，做好免疫抗体的监测和评估工作，并落实补充免疫工作。

（2）开展猪只免疫时，杜绝场外兽医或防疫服务队进场免疫，应在本场兽医指导下，由场内技术人员实施。

（3）分区分栋实施免疫接种，用具均勿交叉使用，多栋舍操作的人员，入不同圈舍前须更衣、消毒。

（4）应采用正规厂家、有生产批号的疫苗，严禁使用“自家苗”或其他实验苗。所有疫苗严格按照说明书存储、使用，注射使用时一猪一针头。

（5）连续注射器、针头、剪刀等重复利用的器械，用完后应先用清水清洗，去除孔内或死角处残留物，再高温消毒30min，医疗废弃物应及时进行无害化处理。

三、饲料管理

1. 设施设备

（1）料车　生猪养殖场应配备或租用专用料车，不得使用运输生猪的运输车辆。

（2）饲料中转中心　应在场区围墙附近建立饲料中转区，中转区与舍外料罐通过密闭料线管道连接。

（3）料塔　生猪养殖场应配饲料塔、饲料线等自动密闭供应系统。

2. 饲料来源

饲料或原料来源清晰、尽量避免原料来源于自有养猪场的供应商，饲料厂周围3km不能有猪场，每批饲料或原料、饲料车均须留样检测非洲猪瘟病毒。

3. 入场管理

（1）饲料原料处理　宜采取85℃ 3min的制粒工艺处理饲料原料，以杀灭非洲猪瘟等病原；有害物质和微生物的量应符合《饲料卫生标准》（GB 13078—2017）的要求，不应私自添加猪源性蛋白质原料。

图5-20　饲料传输

（2）消毒处理　饲料从饲料厂运回养殖场前，应经多道消毒程序后才能进场。饲料应在饲料中转中心储存24h并抽样检测阴性后才可运至生产区内分送。如图5-20所示。

袋装饲料入场流程：场外隔离中心物资消毒间→场区大门口物资消毒通道→饲料中转区→生产区物资消毒通道→猪舍料塔→猪舍。

散装饲料入场流程：散装饲料车应按照车辆进场管理方案将散装饲料运输至养殖场门口，通过喷射的方式将饲料喷入饲料塔内，检测合格后再转运至生产区内。

4. 料塔管理

料塔每次转入饲料后必须关闭上方料塔盖，料塔上设置驱鸟器，以防止鸟类掉落至料塔中。料塔四周设置建有防病媒生物的设施设备。

四、人员管理

人员是将病原带入猪场的主要传播媒介之一，因此必须严格执行人员的各级生物安全管控。

（一）一级生物安全管控区

包括场外隔离中心及场区门口处的人员生物安全管控。

1. 设施设备

（1）监控设备　隔离中心及场区门口消毒通道设监控设备，门口设立人脸识别或其他身份识别监控设备。

（2）消毒通道　隔离中心及场区门口均设立分区隔离式人员消毒通道，消毒通道分净区和污区。

（3）清洗消毒间　隔离中心及场区门口应设立清洗消毒间，用于人员衣物及随身物品的清洗和消毒。

（4）采样室　隔离中心应配有非洲猪瘟检测采样室，供人员及物资的采样。

（5）环保兽医综合大楼　有条件的猪场可建立半对外式结构的综合大楼。综合大楼部分结构位于猪场围墙外围，大门设置在猪场外围，对内开设进场通道，并在对内通道设置分区隔离式消毒通道。外来人员可直接进入综合大楼开展交流座谈等活动，避免了烦琐的消毒程序。如需进入场区，则通过分区隔离式消毒通道消毒后进入场区。

2. 场外人员

（1）如非必要，一律谢绝无关人员进入猪场；与饲养、动物疫病诊疗及防疫监管无关的人员禁止进入猪场的生产区。

（2）外来人员到访须提前24h向猪场相关负责人提出申请，经近期活动背景审核合格后方可前来访问。

（3）进场前，应做好登记和严格的六步消毒防护措施（具体消毒措施参考本章第三节“消毒技术”），方可进入猪场。登记包括日期、姓名、单位、进场原因、是否携带物品。

六步法操作如下：

①进入通道后，首先踩踏入消毒池或消毒足盆进行鞋靴消毒。

②将全部衣服和鞋靴脱下并放置于污区的个人衣柜。

③洗澡。

④到净区穿戴场区工作服和鞋靴。

⑤进行手部消毒。

⑥踩踏入消毒池或消毒足盆进行鞋靴消毒后进入场区。

3. 场内人员

（1）场内人员如非必要严禁出养殖场，实行严格的封闭式管理。猪场工作人员应实行批次休假，鼓励连休制度。休假期须签订《休假期间生物安全承诺书》，承诺休假期间不到其他猪场、屠宰场、肉食品加工厂、猪肉售卖点等高风险区域，不与非本场的养猪行业人员接触。

（2）场内人员进场时须严格遵守以下流程（图5-21），随身物品只允许携带眼镜、手机、手表、电脑，经消毒检测合格后方可带入。

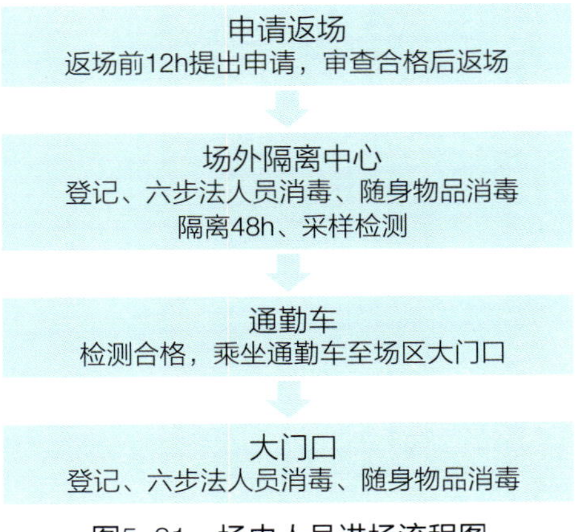

图5-21　场内人员进场流程图

（二）二级生物安全管控区

包括隔离区和生活区的人员管控。

1. 设施设备

（1）监控设备　消毒通道、隔离宿舍及生活办公区域设监控设备，门口设立人脸识别或其他身份识别监控设备。

（2）消毒通道　隔离宿舍设立分区隔离式人员消毒通道，消毒通道分净区和污区。

（3）清洗消毒间　隔离宿舍及生活区宿舍应设立清洗消毒间，用于人员衣物的清洗和消毒。

2. 隔离区

人员经六步法消毒后，进入隔离宿舍，隔离48h，期间每日洗澡并进行采样检测。隔离期满并检测合格后，方可进入生活区。

3. 生活区

（1）人员隔离　生产区工作人员须继续在生活区宿舍隔离24h，隔离结束后方可进入生产区工作。解除隔离前，应采集头发、脸、手及指甲缝等体表及衣服、鞋等表面及底部样品进行非洲猪瘟病毒核酸检测，结果为阴性方可解除隔离。隔离期间，应通过隔离窗口运送饭菜和其他物资（图5–22）。

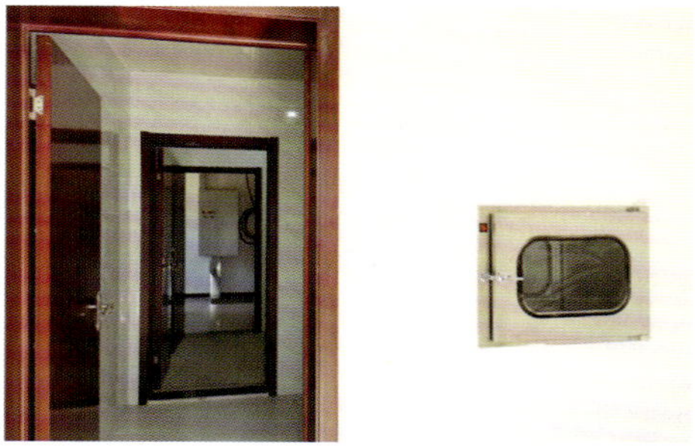

图5–22　传递窗

（2）人员分区　生产区工作人员应与非生产区工作人员分区住宿，生活区之间应封闭隔离，设立门禁设施，避免人员交叉接触。

（三）三级生物安全管控区

三级生物安全管控区包括进出生产区和生产区内部区域的人员管控。

1. 设施设备

（1）监控设备　生产区入口消毒通道、生产区内部道路均应设监控设备，生产区入口应设立人脸识别或其他身份识别监控设备。

（2）消毒通道　生产区入口设立分区隔离式人员消毒通道，消毒通道分净区和污区。

2. 进出生产区

（1）进生产区　人员必须经六步法消毒后进入生产区工作。严禁穿着生活区的服装进入生产区，如非必要，尽量不携带物品进入生产区。必须携带的物资，必须经消毒间消毒后，方可带入。

（2）出生产区　人员由生产区出来前，须脱掉生产区工作服及工作靴，并将其放入指定的收纳桶中，进行统一清洗消毒。工作结束后，用肥皂清洗全身、更换生活区衣服后，离开生产区。

3. 生产区内部

（1）人员分区分舍进行作业，应按照规定的路线进入各自负责的生产区域。

（2）如非必要，禁止人员串区串舍。人员进入污区作业后，须经消毒、更衣方可返回原生产区域。

（四）四级生物安全管控区

四级生物安全管控区包括进出栋舍及栋舍内部的人员管控。

1. 设施设备

（1）监控设备　栋舍入口及舍内应设监控设备，入口处设立人脸识别或其他身份识别监控设备。

（2）消毒设备　栋舍及单元入口处应配备消毒池（消毒足盆）、洗手消毒盆、喷雾消毒通道。

2. 进出栋舍及单元

（1）进入　严格执行以下流程进入（图5-23）：

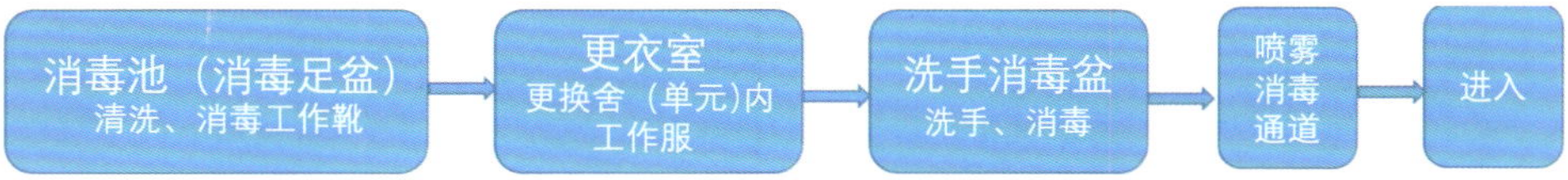

图5-23　进入栋舍流程图

入舍清理病死猪的工作人员，必须穿戴一次性防护服、口罩、头套、手套、水鞋。

（2）离开　人员离开猪舍（单元）前须更换舍（单元）外工作服。

五、物资管理

物资管理主要包括食材、兽药疫苗、生活物资、设备、衣物以及随身携带物等的生物安全管控。

1. 设施设备

（1）物资消毒间　场外隔离中心、场区大门口、生产区门口均须设立物资消毒间，消毒间内应配备塑料筐、镂空货架、晾衣架、臭氧机等。

（2）洗衣间　物资消毒间旁应配有洗衣间。

2. 入场管理

（1）入场流程　如图5-24所示。

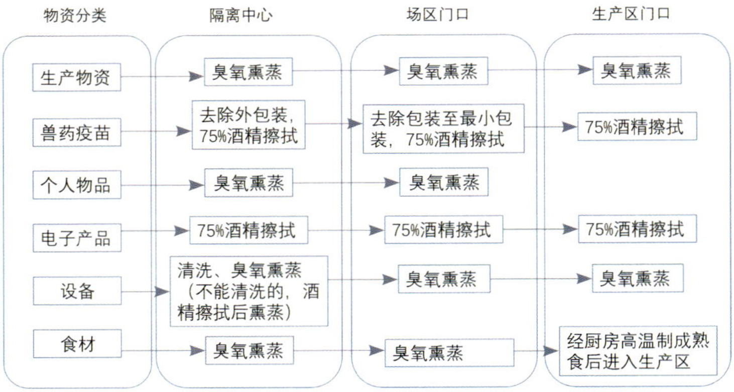

图5-24　入场流程图

（2）注意事项

①食材生产和流通背景清晰、可控且无病原污染。偶蹄类动物生鲜及其制品应被禁止入场。蔬菜和瓜果类食材须无泥土、无烂叶，禽类和鱼类食材须无血水。食材类物品进入食堂使用前须额外经消毒剂清洗、晾干，之后方可进入。

②衣物均经消毒剂浸泡、清洗、烘干或日光照射处理。

③所有物资经消毒后，密封装载转运至下一道防疫屏障时应进行消毒处理。

④生产区内禁止携带非必要随身物品，必须携带的物品必须经消毒后方被允许进入。

⑤臭氧消毒房间结束后至少经过30min，工作人员才能进入消毒间。

⑥进场人员仅允许携带手机、电脑、充电器、书、药品等物品，其他物品由场内统一提供。猪场统一采购物资时，每次应采购足量，以减少采购次数和入场频率。

3. 各区内部管理

（1）各区各猪舍工作服、工作器具应实行颜色管理，严禁交叉使用。可参照下表进行颜色划分，但不强制执行。如表5-1、表5-2所示。

表5-1　工作鞋划分表

区域	鞋子
场外隔离中心	黑色布鞋
隔离区	军绿胶鞋（带花）
生活区	军绿胶鞋（不带花）

续表

区域	鞋子
洗消中心	水鞋（红色）
生产区（栋舍外区域）	水鞋（黄色）
栋舍内区域	水鞋（绿色）
隔离猪舍	水鞋（白色）

表5-2　工作服划分表

区域	工作服
洗消中心、场外隔离中心	红色工作服
隔离区	灰色工作服
生活区	黄色工作服
公猪舍	紫色工作服
分娩舍	绿色工作服
配怀舍	浅绿工作服
保育舍	蓝色工作服
育肥舍	浅蓝工作服

（2）工具使用后必须及时清洗、消毒，然后摆放至指定区域。

（3）胎衣、死胎、病死猪等采用专用工具转运。

（4）饮水、饲喂设备用具应每周至少洗刷消毒1次，炎热季节应增加洗刷次数，消毒后将消毒剂冲洗干净。

（5）拌饲料的用具及工作服可每日用紫外线照射1次，作用时间20～30min。

（6）保温箱、补料槽、饲料车和料箱等物品，冲洗干净后进行喷雾消毒，或在密闭房间进行熏蒸消毒。

六、环境管理

1. 设施设备

（1）猪场边界应建2.5m高实心围墙将养殖场与外界隔离，生产区边界应建1.2m高围墙将生产区与生活区隔离（若为楼房式饲养，则无须再建生产区隔离围墙），猪舍、宿舍、仓库采用实体围墙全部包围。围墙外侧铺50cm宽的碎石子或硬化地面，围墙墙根处应无孔、缝、洞、杂草、杂物、树木。

（2）应有防雨、防渗、防溢流措施，避免污染地下水。

（3）应做到雨水、污水分流排放，污水应通过暗沟或地下管道排入粪污处理区。

（4）将警示牌，生物安全操作工作要求、流程和标准在明显位置标识，实行可视化警示管理。

2. 环境消毒

（1）隔离中心　定期清扫场外隔离中心，并开展环境大消毒。

（2）隔离宿舍　隔离结束后，须将床单被罩拆卸后进行清洗消毒；清扫宿舍至无可视垃圾和可视灰尘后，全覆盖式消毒地面及环境。

（3）生活区

①每日清扫宿舍内部及过道，每日至少消毒桌面及地面1次。

②每日饭后清扫厨房、餐厅地面、餐桌、餐椅，做到无灰尘、无痰迹、无水迹、无油迹、无饭粒。每日紫外照射消毒30～60min。每周在清扫后，消毒桌面及地面2次，并做好消毒记录。

（4）兽医诊室　兽医诊室应保持日常清洁卫生，每次作业后均须进行消毒，采用紫外线照射或熏蒸消毒，或对地面、墙壁、棚顶进行喷雾消毒。

（5）道路及大环境　定期对场内道路和环境进行消毒，一般每周1～2次。同时，对场区外与猪场相通的周边道路进行消毒，一般每月消毒2次以上，在一些重大疫病发生和流行时期，每周消毒1次以上。当发生作业时，应在作业结束后立即进行消毒。

3. 污染防治

生猪养殖场应根据饲养规模和污染防治的需要，建设相应的畜禽粪便、污水与雨水分流设施，畜禽粪便、污水的贮存设施，粪污厌氧消化和堆沤、有机肥加工、制取沼气、沼渣沼液分离和输送、污水处理、畜禽尸体处理等综合利用设施和无害化处理设施。已经委托他人对畜禽养殖废弃物代为综合利用和无害化处理的，可不自行建设综合利用设施和无害化处理设施。

（1）医疗废弃物处理如表5-3所示。

表5-3　猪场常见医疗废弃物类别

种类	主要构成成分
损伤性废弃物	①药品（试剂）瓶、玻璃碎片； ②剖解锐器：手术刀片、手术锯、解剖刀等； ③免疫和治疗器械：针头、注射器、缝合针等
药物性废弃物	①废弃的一般性药品：抗生素等； ②过期、变质的疫苗、诊断试剂、灭鼠灭蝇药

续表

种类	主要构成成分
化学性废弃物	废弃的消毒剂等化学试剂
病理性废弃物	临床解剖产生的脏器、组织等，阉割等手术切除的器官
感染性废弃物	①猪的呕吐物、排泄物污染的垫料； ②装病料的容器； ③废弃的细菌培养基（液）、菌种及检测试剂盒的阴阳性对照； ④棉球、纱布等敷料，一次性医疗用品及器械

资料来源：《医疗废弃物分类目录》。

损伤性废物处置流程：操作完毕后及时放入锐器盒中→当锐器盒内锐器达到3/4时，将盒顶部盖子旋紧使其不能再打开，等待专人上门收取。

药物性废物处置流程：直接投入专用垃圾袋内→当垃圾袋内废物达到3/4时，将垃圾袋严密封口，等待专人上门收取。

化学性废物处置流程：化学性废物中批量的化学试剂、消毒剂应当集中暂存并交由专门机构处置。

病理性废物处置流程：直接投入专用垃圾袋内→当垃圾袋内废物达到3/4时，严密封口垃圾袋→等待专人上门收取，不能当天收走的病理性废物应低温冷冻保存或进行防腐保存。

感染性废物处置流程：根据废物性质选择压力蒸汽灭菌或化学消毒处理后收集，并交由专门机构统一处理。

注意事项

①根据医疗废物的类别，将医疗废物分置于符合《医疗废物专用包装物、容器标准和警示标识规定》的包装物或者容器内。

②在盛装医疗废物前，应当对医疗废物包装物或者容器进行认真检查，应确保无破损、渗漏和其他缺陷。

③感染性废物、病理性废物、损伤性废物不能混合收集。

④放入包装物或者容器内的感染性废物、病理性废物、损伤性废物不得取出。

（2）餐厨垃圾处理　剩菜剩饭做到日产日清，剩菜剩饭必须实行密闭式转运，应具有餐厨废弃物标识且整洁完好，转运过程不得泄漏、撒落，投放至垃圾池内后应保证包装完好。禁止饲喂猪只。

（3）猪舍垃圾　猪舍内垃圾使用垃圾袋应进行密封处理，先集中放置于生产区内垃圾池暂存，定期向外转运，由环保区人员处理。

（4）其他生活垃圾　生活垃圾源头减量，严格限制不可回收或对环境有高风险的生活物品的进入。场内设置垃圾固定收集点，应有明确标识，并应将垃圾分类放置。垃圾收集、储存、运输及处置等过程须防扬散、流失及渗漏。生活垃圾应按照国家法律法规及技术规范进行焚烧、深埋或由地方政府统一收集进行处理。

4. 环境监测

采取网格化管理，每周收集物资消毒通道、人员消毒通道、物资库、生活区、办公区、洗消中心、出猪台、栏舍等地面或物品表面的样品，检测非洲猪瘟病毒，每周1次。

检测结果阳性或可疑区域立即采取火焰消毒（图5-25），再用5%～10%氯制剂（84消毒液）二次喷洒消毒，复检结果呈阴性为合格。

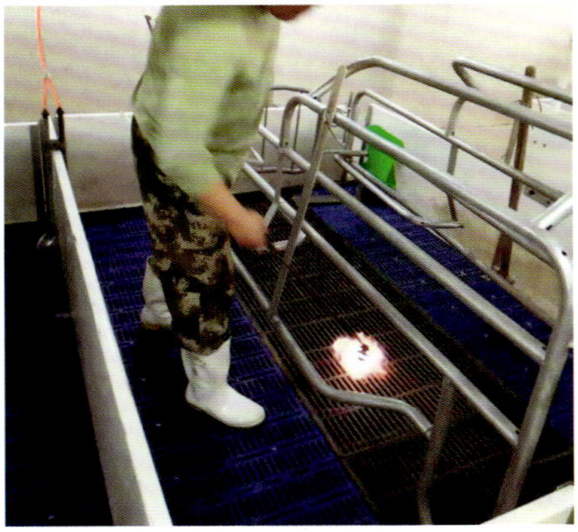

图5-25　栏舍火焰消毒

七、水源管理

1. 水源

（1）推荐使用自来水　地下水最好来自深水井（深150m以上），须配备蓄水池（图5-26）、水塔或变频水泵。

图5-26　蓄水池

（2）饮水应符合《生活饮用水卫生标准》（GB 5749—2006）要求。

（3）有条件的养殖场应安装净水设备，以保证饮用水的卫生安全。无法安装净水设备的养殖场，可每周在饮用水中添加漂白粉或次氯酸钠等消毒剂，以消灭水中病原微生物，消毒后水中微生物指标应符合《无公害食品　畜禽饮用水水质》（NY 5027—2008）要求。

（4）舍内的通槽饮水设施宜改为独立饮水设施，宜采用鸭嘴式饮水器。

2. 消毒

（1）场内水源（蓄水池）每半年使用氯制剂或过硫酸氢钾清理消毒1次。

（2）水线定期使用酸化剂和过硫酸氢钾清洗。

（3）饮水器或水槽也要定期进行消毒处理。

3. 检测

每月采集各个端口水样，以检测非洲猪瘟病毒。

八、生物媒介管理

主要包括野猪、牛、羊、犬、猫、蜱、蚊、蝇、鼠、鸟等生物媒介的管理。

（一）灭鼠

1. 环境防控

（1）猪舍环境　检查猪舍的窗、墙面、管道、排气扇和下水道等部位。窗关闭后应密封，墙面应无通向外环境的洞、缝、孔；管道四周密封，排气扇应加装铁丝网，下水道应有铁丝网或阻隔板。凡无法阻止鼠类出入的孔、洞、缝的视为防鼠设施不合格。生活区、猪舍、饲料库房门的门缝应小于 0.6cm，门的下沿应覆盖20cm高的铁皮，铁皮厚度不小于 0.1cm（图5–27）。

（2）建立防鼠沟　老鼠有喜欢沿着墙角走的习性，因此在猪舍和饲料仓库周围挖深1m、宽0.6m的防鼠沟，沟底每隔20～30m（或每个拐角处）埋入直径0.6m的水缸，沟底平缸口。随时检查并处理掉入缸内的老鼠。老鼠脚掌心部分的肉非常柔嫩，当老鼠脚掌心接触碎石棱角时会对其产生扎刺作用，所以采用碎石铺围可360° 防止老鼠闯入猪舍或饲料仓库（图5–28）。此外，在碎石带外层增设防鼠沟，则可以大幅增加老鼠进入舍内的难度。

图5–27　门口防鼠板

图5–28　防鼠、防鸟设施

2. 物理防控

器械灭鼠是采取各种灭（驱、捕）鼠工具进行灭鼠的，常用的灭鼠工具有鼠夹、鼠笼、粘鼠板、电子捕鼠器、驱鼠器和其他工具。常用的有鼠夹子和电子捕鼠器（电猫）。

3. 化学防控

化学药物灭鼠法在规模化猪场中比较常用，优点是见效快、成本低，缺点是容易引起人畜中毒。因此，要选择对人畜安全的低毒灭鼠药，并且设专人负责撒药布阵、捡鼠尸，撒药时要考虑鼠的生活习性，有针对性地选择鼠洞、鼠道。常用的灭鼠药有敌鼠钠、大隆、卫公灭鼠剂等（抗凝血灭鼠剂），主要机制是破坏老鼠血液中的凝血酶原使其失去活力，同时使毛细血管变脆，使老鼠内脏出血而死亡。此类药物的共同特点是不产生急性中毒症状，鼠类易接受，不易产生拒食现象，对人畜比较安全。

（1）使用方法　猪舍内灭鼠时，应将毒饵投放在鼠道、墙角、角落或物体旁，各种洞孔附近、破损下水道周边和建筑物周围，每点投放毒饵10～20g；进行下水道灭鼠时，可用竹片缚毒饵（抗凝血灭鼠剂蜡块和动物性诱饵配制的毒饵），放置毒饵的位置应高出水面 20cm。记录毒饵实际投放的地点和数量，每日或隔日检查每个点的毒饵消耗量，根据不同鼠药的特点决定补充毒饵时间与补充量。

（2）注意事项　在使用磷化锌等国家允许的、控制使用的急性鼠药时，投放前应先选好投放点，投放前饵，每日检查并补充，完全消耗点应加倍补放，连续放置3～6d，当连续 2d消耗量不变时，可以改放毒饵；急性鼠药必须由专业人员在保证安全的前提下投放，投放时间不超过2d，安全可靠的地方可投放7d，并严格做到晚上投放，次日早晨收回。

（3）建立健全灭鼠制度　一般猪场根据实际情况每季度普查一次，实现全员灭鼠，将猪场的鼠害程度降到最低。还可以请专业的灭鼠机构承包全年的灭鼠工作，让他们负责调查鼠情、布阵撒药、收集鼠尸等全方位工作。

（二）灭蚊蝇

规模猪场苍蝇的控制是一个系统工程，在苍蝇的防治过程中可针对蚊蝇生活史的不同阶段选用不同的方法进行综合防治。同时做好猪场内外的环境卫生，及时清除排粪沟中的积粪，加强通风换气，保持猪舍内的干燥，解决撒落饲料等问题是减少蚊蝇对规模猪场危害的重要举措。

1. 环境防控

搞好猪舍内的环境卫生，栏舍内猪的粪便和撒落的饲料是苍蝇繁殖的重要场所，做好舍内的环境卫生同样重要，必须定期检查猪舍内的撒料现象，并及时彻底地清理解决，这在一定程度上可以减少苍蝇的数量。

粪便是苍蝇的主要繁殖场所，猪场应每日将产出的粪便收集到化粪池或者专用储粪坑中，定期用塑料布密封发酵，通过密封将苍蝇虫卵或幼虫闷死。注意用塑料布盖时，必须盖严，如果塑料布有洞，须用土或其他东西堵严（不能有漏气的地方）。

2. 物理防控

在远离舍门和窗位置安装灭蝇灯。灭蝇灯须每周清洁1次，去除死蝇和灰尘。灭蝇灯灯管须每年更换1次。用黏蝇纸（带）灭蝇，须将其放置或悬挂于舍内多蝇区域，并及时去除死蝇和灰尘。如图5-29、图5-30所示。

3. 化学防控

环丙氨嗪是一种高效低毒杀虫制剂，对杀灭双翅目昆虫幼虫体有特效，可用于控制圈舍内蝇蛆的繁殖和杀灭粪池内蝇蛆。饲料中添加低毒灭蚊蝇药物环丙氨嗪可有效防蚊蝇。在蝇害期间，饲料中应添加环丙氨嗪50～100g/t，可以使苍蝇在成虫以前被消灭，这一办法在很多猪场都有很好的效果。

图5-29　猪舍防蚊蝇网

图5-30　猪舍灭蚊蝇灯

（三）灭蜱

软蜱是非洲猪瘟病毒重要的传播宿主和媒介。研究治理软蜱的传播成为根除非洲猪瘟的关键之一。软蜱在中国有着广泛的分布，非洲猪瘟病毒可以在软蜱的体内繁殖，而且可以通过虫卵传播给下一代。病毒一旦被软蜱获得，根除的难度就加大了，长期存在的风险也就相应加大了。

1. 环境防控

软蜱多栖息于家畜的圈舍、野生动物的洞穴、鸟巢及人房的缝隙中，清除场区灌木杂草，捕杀啮齿类动物，清理整个猪场区墙壁、地面、饲槽裂缝，堵洞嵌缝以防蜱类滋生，应堵塞猪场区内所有的缝隙和小孔，堵塞前应先向裂缝内撒倍硫磷、毒死蜱等杀蜱药物，然后用水泥、石灰、黄泥堵塞。

2. 化学防控

（1）土壤防控　软蜱主要栖息在草地、树林中，用生物农药喷洒软蜱出现的地面，持效期特长，对人畜无害；也可用藻盖杀（0.12%藻酸丙二醇酯），此药无色无味，对人体无毒、无害、无污染。

（2）生产区防控　用蝇必净、蚊蝇净、蝇毒磷喷洒猪舍、地面、墙壁、门窗、栏圈及排污沟等处，每周喷洒1次（发生疫情时每日消毒1次）。上述化学药物对蝇、蚊、蜱、螨、虱等有很强的杀灭作用，且对人体和猪无毒害作用。

3. 生物防控

采用遗传防治、生物防治灭蜱。前者采取辐射或者化学不育剂使雄性蜱虫失去生殖能力，使蜱虫种群能力不断衰减；后者利用蜱虫的天敌来灭蜱。现在已经发现膜翅目跳小蜂科的一些寄生蜂，可以在一些若蜱体内产卵，成虫后才从若蜱体内逸出，寄生后不久蜱就死了。

近年来用苏云金杆菌的制剂——内晶菌灵涂洒于动物体表，对波斯锐缘蜱的致死率达70%～90%；用1%～1.5%内晶灵和0.2%敌百虫（chlorphos）混合液涂洒于动物体表，能使蜱的死亡率达90%～100%。

4. 个人防护

进入有蜱的地区要穿防护服，扎紧裤脚、袖口和领口。外露部位要涂擦驱避剂（避蚊胺、避蚊酮、前胡挥发油），或将衣服用驱避剂浸泡。离开时应相互检查，勿将蜱带出疫区。

（四）防鸟

鸟类对于家猪疾病传播影响很大，鸟类可以随时飞入仓库、猪舍内，通过鸟爪或消化道排泄物等携带各种病原菌传播疾病，风险非常大。所以，防鸟措施是养殖场必须配备的，防鸟主要以物理防治为主，环境防治为辅，采用数码语音驱鸟器就可达到良好的驱鸟效果。

1. 环境防控

要保管好饲料，不要让野鸟接触到饲料，尽量不要将饲料撒落到地面。给可让猪进行自由采食的饲料器加上盖子，猪舍装上筛网防止野鸟进入。在猪舍入口处加装塑料条，通风口处添加围栏，以防止野鸟飞入。小型猪场可以安装防鸟网（图5-31）：这种防鸟网由尼龙丝构成，可防止鸟进入养殖区域进行觅食，并防止鸟进入猪舍内。

图5-31　猪舍出入风口防鸟网

2. 物理防控

使用数码语音驱鸟器。数码语音随机播放，通过调整播放时间间隔或采用随机播放的方式，让鸟儿意识不到声音规律性，也就不能适应这些声音，真正实现无人值守就能驱鸟的目的。

（五）犬、猫及野生动物

图5-32　防野生动物围栏

（1）场区四周应建高2m以上的围墙，选用密闭式大门，大门与地面的缝隙不超过1cm，日常应保持关闭状态，定期巡查并及时修补漏洞。如图5-32所示。

（2）场内禁止饲养其他动物。

（3）严防野猪等野生动物靠近场舍，一经发现立即驱赶。

第三节　消毒技术

消毒是生物安全防控体系中非常关键的一个环节。非洲猪瘟对外界环境有很强的抵抗能力，不同种类的消毒剂对非洲猪瘟的杀灭效果不同。

一、消毒方法

消毒方法分为物理消毒、化学消毒。物理消毒包括紫外线消毒法、焚烧消毒法、煮沸消毒法和干热消毒法。化学消毒法包括喷洒法、喷雾法、浸泡法、熏蒸法和生物热消毒法。两种方法可单独使用也可混合使用。如表5-4所示。

表5-4　消毒方法适用范围

消毒方法		适用范围
物理消毒	紫外线消毒	物体表面和空气消毒
	焚烧消毒	垃圾、污物、耐高温物体消毒
	煮沸消毒	金属制品、耐煮物品
	干热消毒	实验室器皿、金属器械

续表

消毒方法		适用范围
化学消毒	喷洒消毒	地面、墙面
	喷雾消毒	空气，畜体、物体表面
	浸泡消毒	工具、手术器械
	熏蒸消毒	舍内空气、物品
	生物热消毒	粪便、垫料

二、洗消剂和消毒剂的选用

（一）基本原则

（1）生产洗消剂、消毒剂的企业应获得生产许可证，消毒剂产品具有生产文号并符合《中华人民共和国兽药典》的要求。

（2）针对相同消毒对象应定期轮换消毒剂，消毒剂混合使用时应考虑相互之间的拮抗作用。

（3）应根据不同季节、不同地区、不同饲养规模和疫情情况灵活调整消毒程序和消毒频率。

（4）要选择对人畜安全、对环境无污染或污染轻微且能够快速彻底杀灭目标微生物，同时成本低的消毒剂，即高效、安全、环保、经济。

（二）洗消试剂

1. 清洁剂

清洁须重视清洁剂的使用。可选择肥皂、洗涤净以及其他具有去污能力的清洁剂。

2. 消毒剂

常用消毒剂的特性、适用范围和使用方法，如表5–5、表5–6所示。

表5–5　常用消毒剂的特性和适用范围

消毒剂种类	优点	缺点	适用范围
过氧化物	作用速度快；病毒、细菌均有效	有刺激性	预防病毒性疫病；水线消毒；栏舍熏蒸
氯化物	起效速度快；病毒、细菌均有效；价格低	有腐蚀性、刺激性；遇有机物、硬水失活；活性持续时间短	栏舍熏蒸；环境消毒
苯酚	活性持续时间长；对金属无腐蚀性；对细菌效果好；价格低	有毒性；腐蚀橡胶、塑料；可能存在环境污染	水泥地面

续表

消毒剂种类	优点	缺点	适用范围
碘制剂	无毒无味；起效速度快；病毒、细菌均有效	价格较贵；部分具有毒性	足浴盆；预防病毒性疫病
季铵盐类	对细菌效果好；安全性高	遇有机物失活；对真菌、芽孢效果不佳；不能与清洁剂混用	洗手；水线消毒
醛类	病毒、细菌均有效	可能有毒性	水泥地面；车轮浸泡
碱类	起效速度快；病毒、细菌均有效；价格低	腐蚀性强	水泥地面；车轮浸泡

表5-6　常用消毒剂的使用方法

序号	消毒剂名称	最低有效浓度	最短有效时间
1	过硫酸氢钾复合粉	1g/L	10min
2	二氯异氰尿酸钠	1g/L	20min
3	戊二醛-苯扎溴铵	5g/L	30min
4	酸化剂	1.5g/L	30min
5	臭氧水	1×10^{-6}	10min

三、人员消毒

（一）设施设备

1. 人员消毒通道

人员消毒通道应由外向内分设脱衣间、洗澡间、更衣间，并配备外围鞋柜、衣柜、消毒池或消毒足盆、洗手消毒池。如图5-30所示。

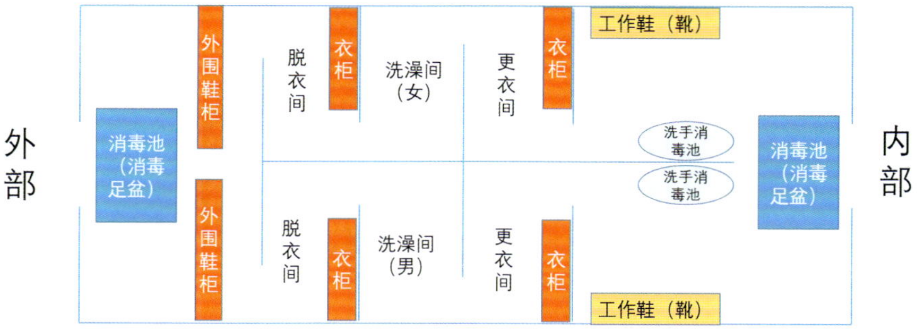

图5-33　人员消毒通道示意图

2. 喷雾消毒通道

配备自动感应喷雾机：当人员进入时，可以感应开启喷雾，人员离开后自动关闭。

3. 消毒用品

洗浴用品：洗发液、沐浴液、肥皂。

消毒试剂：氢氧化钠、过氧乙酸、含氯消毒剂、1%复合碘溶液、75%酒精。

（二）人员通道消毒流程

1. 物品摘除

人员进入消毒通道前，应将个人包裹和随身物品（除眼镜外）全部去除，交由专人经物资通道消毒后存放。

2. 鞋靴消毒

人员经消毒池或消毒足盆消毒30s。消毒剂可选择20～40g/L氢氧化钠溶液或2～3g/L过氧乙酸溶液，每周至少更换3次消毒液，每1～2个月轮换消毒剂。也可根据实际情况调整更换消毒液的频率，当消毒盆里的消毒剂明显褪色或浑浊时应立即更换，pH低于13时应立刻更换。

3. 更换拖鞋

经消毒池或消毒足盆消毒后的场外鞋子应脱放至外围鞋柜（架）中，工作人员应穿拖鞋进入脱衣间。

4. 场外衣物去除

进入脱衣间后，工作人员将场外衣服全部脱去，裸身进入洗澡间。眼镜经75%酒精擦拭后带入洗澡间。场外衣物将由专人穿着防护服后进行统一收集、清洗、消毒、晾晒，存放于物品柜中。

5. 淋浴

采用洗发沐浴液或肥皂清洗全身，注意对头发和指甲的清洗。

6. 更换工作服及工作鞋（靴）

淋浴后，更换场内工作服及工作鞋（靴），并用75%酒精擦拭眼镜。

7. 洗手消毒

使用肥皂彻底清洗双手。以左右手互相交替的方式，用清水和肥皂对手指、手掌、手背、指尖与手腕等部位进行清洁。清洗后喷洒消毒液。消毒液可采用75%酒精或1%复合碘溶液。

8. 鞋靴消毒

再次进行工作鞋（靴）的消毒，此处消毒参照上述步骤2的消毒操作。

（三）人员喷雾消毒

人员进入喷雾消毒通道须消毒3min，消毒液可选用1∶1000复合醛溶液（100g/L

戊二醛+100g/L苯扎溴铵）。

（四）脚踏消毒盆

进行鞋靴消毒时，必须使用刷子清理鞋靴表面，再进行浸泡消毒。

四、车辆消毒

（一）洗消中心

非洲猪瘟病毒对高温敏感，因此可通过高温杀灭车辆携带的病毒，阻断病毒的入侵，构成生物安全的重要防线。洗消中心是对车辆进行清理、清洗、杀菌消毒、烘干的专门场所。

1. 洗消中心设置

（1）布局　洗消中心划分为缓冲区、清洗区、消毒区、高温烘干区，如图5-34所示。

（2）功能单元　洗消中心应配备值班会客室、卧室、工具间、衣物清洗干燥间、消毒室、卫生间、淋浴间、休息室及污水处理池等，如图5-34、图5-35所示。

图5-34　洗消中心布局图

（1）清洗房

（2）烘干房

图5-35　洗消中心实景图

2. 车辆检查、采样、登记流程

（1）检查　检查车辆有无猪粪、猪毛、泥沙等污物，车内不可有猪肉和肉制品；检查上一节点的洗消合格证。

（2）对驾驶室、车厢、底盘以及轮胎等多点采样检测。如图5-36所示。

（3）登记。

图5-36　车辆采样

3. 清洗流程

清洗时确保从内向外、从前向后、从上往下。

（1）引导车辆到达洗消中心的洗车房。

（2）司乘人员按指定路线前往人员消毒区域，按照人员消毒程序进行淋浴消毒后，在休息室等待。

（3）彻底清理、打扫，移除车内所有杂物。

（4）驾驶室杂物移除，吸尘后臭氧熏蒸消毒，驾驶室脚垫拿出清洗并浸泡消毒15min。

（5）高压充分清洗车体、车厢、轮胎、底盘（图5-37）。

（6）按比例稀释专业泡沫清洁剂后，用高压发泡装置冲洗车厢内外、轮胎、底盘等，清洗15～30min，冲掉泡沫（泡沫干燥前冲掉）。

（7）全面覆盖无死角高压冲洗、擦刷，去除所有有机物及泡沫清洁剂。

（8）静置沥干至无积水和滴水。

图5-37　高压冲洗车身

4. 消毒流程

消毒确保从内向外、从前向后、从上往下。

（1）用浸泡过消毒液的毛巾，擦拭方向盘、前车窗、仪表台、座椅、靠背、脚踏板、两侧车窗。消毒液可选择戊二醛、过硫酸氢钾、过氧乙酸，按比例稀释后使用。

（2）用高压清洗机对全车里外进行消毒，车厢内死角部分、轮胎、底盘等重点部位进行喷雾消毒。消毒液可选择3～5g/L过氧乙酸，保持湿润5～10min。

（3）打开车门，关闭消毒房的大门，在密闭空间对车辆先后进行喷雾消毒、熏蒸消毒。喷雾消毒2～3min，消毒液可选择戊二醛、过硫酸氢钾、过氧乙酸。熏蒸消毒使用弥雾熏蒸消毒机，可使用150g/L过氧乙酸以7～10mL/m^3的用量熏蒸消毒1h，或者使用2g/L过氧乙酸气溶胶喷雾消毒1h。

（4）检测消毒效果，不合格重新消毒。

5. 烘干流程

（1）车辆由洗消中心工作人员从洗车房开往烘干房。

（2）打开驾驶室门和车厢门。

（3）将温度计探头放入车厢内。

（4）关闭（密闭）烘干房，开启加热设备。

（5）待温度上升到指定温度后开始计时，持续烘干一定时间。可在60℃条件下持续烘干30min，或在70℃条件下持续烘干20min。

车辆清洗、消毒、烘干流程图如图5-38所示。

图5-38　车辆清洗消毒流程图

6. 检测

烘干结束后，对车辆的驾驶室、车厢、底盘以及轮胎等多点采样检测；检测合格后，开具相关证明。

（二）车辆消毒点

车辆消毒点是指场区内除洗消中心外的车辆消毒区域，包括生活区停车场空旷区域的车辆消毒和生产区内车辆消毒点。

1. 设施设备

冲洗喷雾消毒机：包括手持式消毒机和移动式消毒机等。该消毒机喷枪为可调节式，可以冲洗，也可喷雾；体积小，机动灵活，操作方便。可高压冲洗喷雾，彻底冲洗车身外表。如图5-39所示。

2. 车辆消毒流程

清洗时确保从内向外、从前向后、从上往下。如图5-40所示。

（1）彻底清理、打扫，移除车内所有杂物。

（1）喷雾消毒机

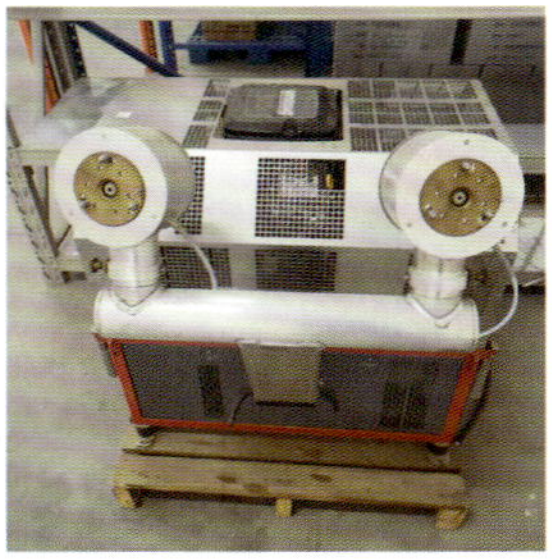

（2）车载式消毒机

图5-39　消毒设施设备

图5-40　车辆冲洗消毒

（2）充分清洗车体、车厢、轮胎、底盘。

（3）喷洒专用泡沫清洁剂于车厢内外、轮胎、底盘等，消毒15～30min，冲掉泡沫（泡沫干燥前冲掉）。

（4）全面覆盖无死角冲洗、擦刷，去除所有有机物及泡沫清洁剂。

（5）静置沥干至无积水和滴水。

（6）对全车内外喷雾消毒，重点为车厢内死角部分、轮胎、底盘等。消毒液可选择3～5g/L过氧乙酸，消毒5～10min。

（7）自然晾干后使用。

五、物资消毒

物资消毒通道应设置为单向流通，并保证密闭性良好。通道内配备给不同物资消毒的消毒房间，内配有镂空货架、臭氧消毒机、臭氧消毒柜、熏蒸消毒设备、清洗机、紫外线照射灯等和各类消毒液。

（一）食材

瓜果蔬菜等食材进场前的两次消毒可采用臭氧消毒，食堂使用前可用二氧化氯溶液消毒剂浸泡消毒。

1. 臭氧消毒

（1）臭氧气体消毒　使用臭氧气体对食材进行消毒时，应在密闭空间内，设定臭氧浓度一般应≥60mg/m^3，相对湿度≥70%，作用时间为60～120min。随着浓度的升高，作用时间相应减少。

（2）臭氧水消毒　使用臭氧水对食材进行消毒时，一般要求水中臭氧浓度≥10mg/m^3，作用时间≥60min。

注：本书提及的臭氧消毒均可参照此处的臭氧消毒方法。

注意事项

臭氧消毒后，臭氧会分解成氧气，一般分解时间为30min，因此，建议人员在臭氧消毒结束30min后再进入消毒间。

2. 浸泡消毒

浸泡消毒前应使用清水将食材清洗干净，使用100～150mg/L二氧化氯溶液浸泡10～20min。浸泡消毒后，再次使用清水对食材进行清洗，以确保无消毒液残留。

（二）兽药疫苗

1. 疫苗及有温度要求的药品

采用逐层去除外包装消毒法对疫苗进行消毒。拆除外层包装，使用75%酒精或1∶200过硫酸氢钾擦拭。

2. 其他药品

拆除最外层包装后，经臭氧消毒。当进行臭氧消毒时，应确保房间密闭，臭氧浓度60～150mg/m^3。空气中臭氧浓度达到后，消毒60～120min。随着浓度的升高，作用时间应相应减少。

（三）袋装饲料

袋装饲料须无堆叠放于物资消毒间，可经臭氧消毒（参照其他药品的臭氧消毒）、熏蒸消毒或紫外线照射消毒。如图5-41所示。

图5-41　袋装饲料紫外线照射

（四）电器

手机、电脑、充电线、鼠标、手机外壳等物品，可使用75%酒精或1∶200过硫酸氢钾擦拭消毒，再经紫外线照射消毒。如图5-42、图5-43所示。

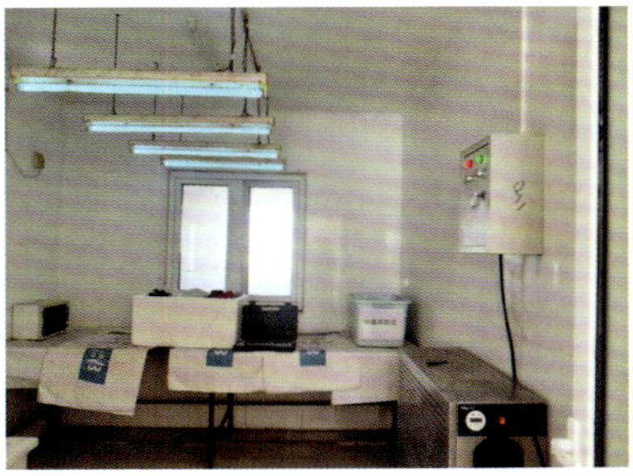

图5-42　紫外线照射消毒

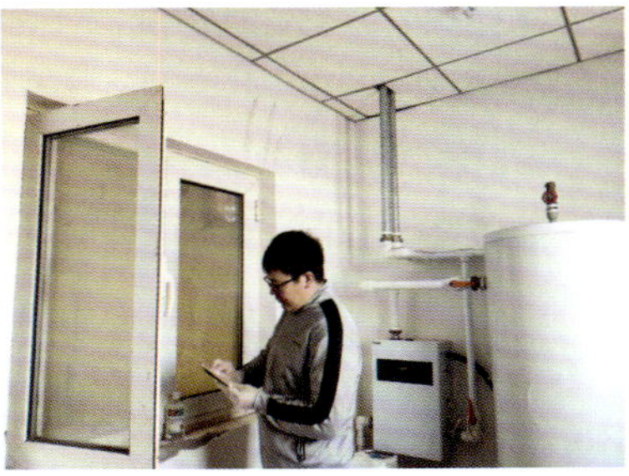

图5-43 手机擦拭消毒

（五）书籍

表面经75%酒精棉球擦拭后，放入臭氧消毒柜中持续消毒1h。

（六）用具、工具

1. 饮水、饲喂用具

定期使用2～3g/L过氧乙酸喷洒涂擦消毒或用100～150mg/L二氧化氯溶液浸泡10～20min。

2. 保温箱、补料槽、饲料车和料箱等物品

使用2～3g/L过氧乙酸或漂白粉溶液进行喷雾消毒或熏蒸消毒，冬季和夏季每月1次，春季和秋季每月2次。

（1）喷雾消毒　喷雾消毒应以物品湿润为宜，作用时间应持续30min。

（2）熏蒸消毒　熏蒸消毒使用甲醛和高锰酸钾混合液，甲醛与高锰酸钾配比为2∶1，作用时间应≥24h。熏蒸消毒应在密闭空间进行，温度保持在20℃以上，相对湿度达到60%～80%。容器的容积应是甲醛溶液体积的3～5倍，用于熏蒸的容器应靠近门，操作人员要避免甲醛与皮肤接触。操作时，先将高锰酸钾加入容器中，再倒入少量的水，搅拌均匀，再加入甲醛后，人立即离开。如图5-44所示。

注：本书提及的甲醛/高锰酸钾熏蒸消毒均可参照此处的熏蒸消毒方法。

图5-44　衣物熏蒸消毒

（七）衣物和鞋

衣物及工作靴须先彻底清洗干净后，可采用消毒液浸泡式消毒、熏蒸消毒（被污染的衣物采用熏蒸消毒）、烘干或紫外线照射消毒。消毒液可选用含氯消毒剂、过氧乙酸或20g/L碳酸氢钠溶液（煮沸）。

1. 浸泡式消毒

浸泡前应将浸泡物洗涤干净，药液须浸没物体，浸泡时间为30～60min，浸泡液温度应在60℃以上。

2. 紫外线消毒

将紫外灯吊装在消毒间的天花板或墙壁上，离地面2.5m左右。紫外灯照射作用时间应≥30min。

（八）木材类

木材类物品可选用2g/L柠檬酸溶液喷雾消毒30min。

（九）金属设备

采用火焰、熏蒸等方式对金属设施进行消毒。

（十）其他

其他不能进入消毒通道的大型物资可使用消毒机进行喷雾消毒或通过人工擦拭消毒。

六、场所消毒

场所消毒包括场内和场外消毒。

（一）场外

1. 消毒范围

生猪养殖场场外方圆1km。

2. 消毒措施

（1）可用20g/L烧碱等消毒剂，每1～2周喷洒消毒1次。

（2）外部车辆离开后，应及时清洁、消毒所经道路。

（二）场内

坚持定期消毒，一般预防消毒每周须进行2～3次。周边有疫情时每日消毒1次。出猪台等风险等级高的区域每次作业后须消毒1次。

1. 出猪台

每次作业后必须清洗消毒。如图5-45所示。

（1）预清洗　使用高压清洗机进行冲刷，必要时可使用钢丝球擦洗去除污物。

（2）清洁　喷洒清洁剂覆盖30min。

（3）二次清洗　清水冲洗至无清洁剂残留。

（4）干燥至无水滴后，喷洒消毒液消毒30min。消毒液可选用饱和生石灰+20g/L烧碱、戊二醛季铵盐、过硫酸氢钾、癸甲氯铵溶液。

图5-45　出猪台冲洗

2. 猪舍

（1）空栏消毒　进猪前或转猪后，均须对栏舍进行全面清洗消毒。

①清洗：准备高压清洗机、清洁剂、消毒剂、抹布及钢丝球等设备和物品，猪只转出后应立即进行栏舍的清洗、消毒。

②物品消毒：可移出的物品，移出栏舍后进行清洗、消毒，在熏蒸消毒前放回并安装。可浸泡的器具用20g/L烧碱或者含氯消毒剂浸泡24h；不能浸泡消毒的器具清洗后可根据实际情况采取火焰消毒、擦拭消毒、紫外线照射消毒。所有移出物品经晾晒后放回。

③水线消毒：卸下所有饮水嘴、饮水器和接头等部件，洗刷干净后放入含氯类消毒剂浸泡30min；用洗洁精浸泡清洗水线管道内部；水池水箱内添加含氯类消毒剂浸泡2h；重新装好饮水设备后，用含氯消毒剂浸泡管道2h；整个水线管道放干全部消毒水后，注入清水冲洗。

④栏舍清洁：低压喷洒清洁剂，确保覆盖所有区域，浸润30min后高压冲洗。必要时使用钢丝球或刷子擦洗，以确保去除表面生物膜。

⑤栏舍消毒：清洁晾干后，墙面和地面用生石灰乳彻底覆盖，同时使用两种不同消毒剂分别进行喷雾消毒，以确保覆盖所有区域，有效作用时间为30min，采用风机干燥，干燥后进行通风。消毒剂可选醛类、过氧化物类或癸甲氯铵溶液。

⑥栏舍白化：必要时使用石灰浆白化消毒，避免遗漏某个角落、缝隙。

⑦熏蒸和干燥：消毒后，进行栏舍熏蒸消毒并干燥至少48h。熏蒸时，栏舍充分密封并作用至少24h，熏蒸后空栏通风36h以上。若栏舍空间较小，熏蒸消毒可使用高锰酸钾与甲醛混合液或其他烟熏消毒剂；若栏舍空间较大，可使用臭氧熏蒸，密闭12h。

（2）带畜消毒　如图5-46、图5-47所示。

①料槽、水槽、饮水器以及所有饲喂用具可采用1∶200过硫酸氢钾喷雾消毒或浸泡10～20min，消毒后要将消毒剂冲洗干净。消毒前须清洗干净，每周1次，炎

图5-46　带畜清扫

图5-47　带畜喷雾消毒

热季节应增加清洗次数。

②拌饲料的用具及工作服可每日用紫外线照射1次，每次持续20～30min，消毒前须将用具及工作服清洗干净。

③每日清理粪便和垃圾，发现蛛网随时清理，禁止长期堆积。每周进行2～3次喷雾消毒，均匀湿润墙壁、屋顶、地面，猪体表以稍湿为宜，不得直接喷向生猪，免疫前后2d不得实施带畜消毒。消毒液可选用200g/L过氧乙酸、碘酸、过氧酸氢钾。

消毒后畜舍内空气质量的微生物指标应符合《畜禽场环境质量标准》（NY/T 388—1999）的要求。

3. 兽医诊室

（1）诊室　兽医诊室应保持日常清洁卫生，采用紫外线照射或熏蒸消毒，或对地面、墙壁、棚顶喷雾消毒，每周至少3次。消毒液可选用过氧乙酸类消毒剂，按说明使用。

（2）兽医器械及用具　应根据器械及用具的类型进行高压灭菌或浸泡、擦拭灭菌处理。

4. 生活办公区

应保持生活办公区整洁、卫生，每日清扫桌面、地面。生活办公区的屋顶、墙面、地面可选用醛类或氯制剂等进行喷洒消毒，每周1次。如图5-48所示。

图5-48　办公区消毒

5. 道路

场区道路可用20g/L烧碱等消毒剂，或使用石灰浆白化消毒，每1～2周喷洒消毒1次。白化时可选择200g/L石灰乳与20g/L氢氧化钠溶液制成的碱石灰混悬液。石灰乳必须现配现用。如图5-49所示。

猪只或拉猪车经过的道路必须立即进行清洗、消毒。发现垃圾时，应立即清理，必要时应进行清洗、消毒。

图5-49　道路冲洗、消毒

6. 排污沟、下水道

排污沟、下水道出口、污水池应定期进行疏通清理，并用高压清洗机冲洗，使用漂白粉每2周消毒1次。

七、消毒记录

养殖场应建立消毒操作的过程记录，记录消毒对象、消毒时间、消毒地点、消毒药名称、消毒液浓度、消毒方式、作用时间、消毒操作人员等，记录应具有可追溯性。

第四节 生物安全培训、监督与评估

除感染的猪和软蜱之外，所有跟非洲猪瘟病毒接触的物品都可能传播非洲猪瘟病毒，包括猪肉制品、车辆、鼠、鸟、空气、饲料、疫苗、兽药、人员衣服、鞋子、手机、水、泔水等一切物品都有风险。据研究表明，20个病毒粒子即可感染猪只发病。因此，猪场一定要提高防疫意识，建立健全生物安全培训制度和监督机制。

一、培训

猪场既要重视生物安全的硬件，也要重视生物安全的软件，要在生物安全方面落实、落细、落小。生物安全防控是“一百减一等于零”，只要有一个方面出现问题，整个生物安全防控体系就会瓦解。因此，必须建立生物安全培训制度，制定系统的生物安全培训计划，定期对管理人员和技术人员开展非洲猪瘟防控政策、生物安全防护、清洁消毒等内容的培训，进一步强化人人有责的防控意识，提升场内人员的专业知识和实践操作能力。

1. 培训方式

猪场可通过集中培训、网络学习、现场授课及实操演练等形式开展培训，并进行考核。

2. 培训对象

新入职人员、在职人员。

3. 培训内容

（1）理论培训　系统对疫病防控知识、猪群管理、生物安全原则、操作规范及生物安全案例等内容进行培训，提高工作人员的生物安全意识；并加强疫情信息、预警信息的收集和传达。

（2）实操培训　定期组织生物安全实操练习，按照标准流程和规程进行操作，及时纠偏改错，以确保各项程序规范执行到位。

（3）培训考核　对完成系统培训的人员，进行理论和实操考核。每位人员通过学习后均应通过考核。

二、监督

成立生物安全管理团队，设立生物安全督导员岗位，对员工的日常生产进行监督，并将生物安全技术规范的落实情况纳入年度考核，以确保各项生物安全措施落实到位。

三、评估

猪场采用定期自查和实验室检测的方法对各项生物安全的落实效果进行评价。

1. 操作自查

定期检查各种免疫、消毒等生产记录及养殖环境的治理情况，进行生物安全隐患的排查和整改。

2. 效果自查

每月采集车辆、栋舍、鞋靴、粪便等环境样品，开展相关病原学监测，及时评估感染风险。

3. 猪群健康评估

（1）仔猪处理液　收集仔猪脐带、断尾等组织，对组织渗出液进行处理，监测母猪的健康状况。

（2）唾液采集　对生长猪群进行群体采样，定期监测病原感染状况，排查生物安全漏洞。

（3）精液监测　定期对精液开展病原监测。

（4）血清学检测　采集前腔静脉血、耳根血开展抗体监测，利用抗体结果评估免疫效果。

（5）咽拭子　对异常猪采集咽部拭子，以排查非洲猪瘟病毒。

（6）环境样品　各级关口处，用纱布滚轮和棉拭子擦拭等方法采集通道地面、墙面、物资表面等处的样品，以检测非洲猪瘟病毒核酸。

第六章

其他关键场所消毒技术

生猪产业链包括生猪养殖、生猪运输、生猪屠宰加工、生猪无害化处理等多个环节。《国务院办公厅关于加强非洲猪瘟防控工作的意见》(国发办〔2019〕31号)明确提出：在加强养猪场防疫监管的基础上，要同步加强生猪及生猪产品的调运管理、生猪屠宰监管和生猪产品加工经营环节的监督，全面提升对非洲猪瘟的防控能力。鉴于目前暂无批准上市使用的非洲猪瘟疫苗和有效的治疗药物，而高温、消毒剂可以有效杀灭非洲猪瘟病毒，所以，做好每个关键场所的消毒规程是防控非洲猪瘟的关键。

第一节 生猪屠宰场日常消毒技术

生猪屠宰场日常消毒操作主要包括进出场消毒、圈舍消毒、生产区消毒、冷库消毒、车辆及器具消毒和人员消毒。

一、进出场消毒

车辆入口设置消毒池，池长至少为轮胎周长的1.5倍，池宽应与入口相同，池内置20～30g/L的氢氧化钠溶液或使用含有效氯浓度在6～7g/L的消毒溶液，溶液高度不小于25cm。同时，应配置低压消毒器械，对进出场车进行喷雾消毒。应设置运输车辆专用入场车道，运输车应进行车身内外全面彻底的清洗消毒。如图6-1～图6-3所示。

图6-1 运输车辆专用通道

图6-2 喷雾消毒

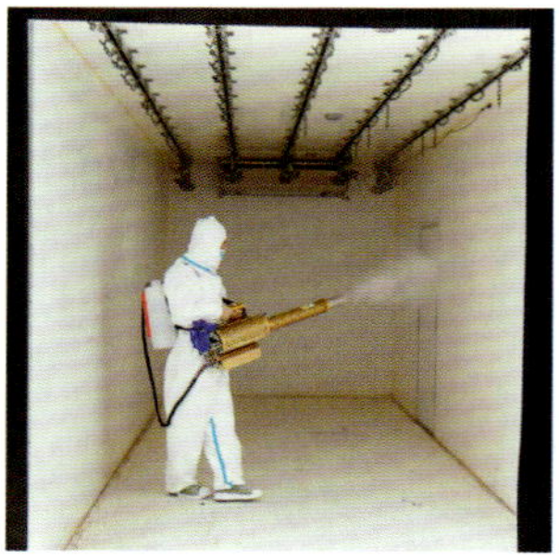

图6-3 车辆内部消毒

二、圈舍消毒

1. 空舍消毒

当圈舍清洗干净后，应用20～30g/L氢氧化钠溶液消毒2h以上，先用质地较硬的刷子刷洗，再用清水冲洗。待干燥后，用固体甲醛或过氧乙酸熏蒸12h。

2. 带畜消毒

清洗后用1g/L过氧乙酸、0.5%强力消毒灵溶液、0.015%百毒杀溶液喷雾或用1：1200消毒威药液对圈舍、地面、墙体、门窗进行喷洒消毒，生猪体表可采用1：200过硫酸氢钾喷雾消毒，消毒液用量300～500mL/m^2，每周1～2次。

三、生产区消毒

（1）生产区入口设置合理分布的紫外线灯，紫外线灯管约每45d检查更换1次。有条件的企业可以选用臭氧发生器或消毒风机进行消毒。

（2）车间、卫生间入口处及靠近工作台的地方，应设有洗手、消毒和干手设施及工具清洗、消毒设备，洗手的水龙头要有冷水、热水供应，并采用非手动式开关，干手设施应选用烘手器或放置一次性消毒纸巾。

（3）屠宰分割车间应设与门同宽的鞋底消毒池（内置有效氯含量为0.6～0.7g/L的消毒溶液）或鞋底消毒垫。如图6-4所示。

（4）加工场地应在每日生产前、后各消毒1次，地面、墙壁及经常使用或触摸的物体表面，应先用热水洗刷干净，再用2～5g/L过氧乙酸溶液、有效氯含量为0.25～0.5g/L的消毒溶液拖擦或喷洒。消毒过程应先上后下、先左后右进行喷雾或擦拭，作用时间为30～60min。如图6-5所示。

图6-4　屠宰车间门口鞋靴消毒

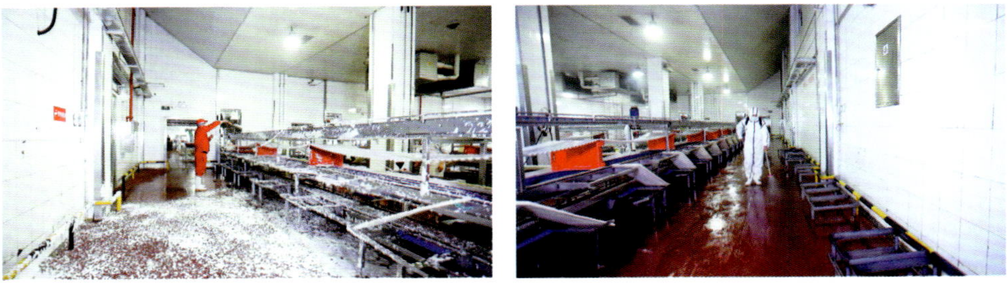

图6-5　车间内清洗、消毒

四、冷库消毒

冷库消毒不能使用有气味的药物。消毒前应先将库内的物品全部搬空，升高温度，用机械方法清除地面、墙壁、顶板上的污物和排管上的冰霜，有霉菌生长的地方应用刮刀或刷子仔细处理，然后用50～100g/L过氧乙酸电热熏蒸或喷雾器喷雾进行消毒。如图6-6所示。

图6-6　冷库消毒

五、器具消毒

（1）屠宰检验刀具每日洗净、煮沸消毒后浸入0.1%新洁尔灭溶液内，或用5g/L过氧乙酸、60mg/L次氯酸钠溶液浸泡消毒。如图6-7所示。

图6-7　刀具消毒

（2）胶靴、围裙等橡胶制品，用2%～5%福尔马林溶液进行擦拭消毒，工作服、口罩、手套等应进行煮沸消毒。

（3）屠宰过程中与胴体接触的工具应用82℃热水消毒，每宰杀1头消毒1次。

（4）在生产加工或检疫检验过程中，如所用工具（刀、钩等）接触带病菌的胴体或病变组织后应将工具彻底消毒后再继续使用。

（5）没有装运肉品的工具，装运前进行机械清洗，然后用0.1%新洁尔灭消毒。

（6）装运过肉品的工具机械，应用60～70℃的热水冲洗消毒。

六、人员消毒

（1）工作人员进入生产区前，必须在消毒间用75%酒精擦拭消毒或用0.0025%的碘溶液洗手消毒，并更换工作服。有条件的企业可以让员工先淋浴、更衣后进入生产区。如图6-8所示。

图6-8　工作人员在车间入口清洗消毒

（2）生产过程中应按规定进行周期性的洗手消毒。

（3）生产结束后应将器具放入指定地点，更换工作衣帽，对双手进行彻底消毒后方可离开生产区。

七、消毒记录

生猪屠宰场应建立消毒操作的过程记录，记录作用时间、消毒药名称、消毒液浓度、消毒方式和消毒操作人员等情况，记录应具有可追溯性。

第二节 生猪无害化处理场（点）消毒技术

生猪无害化处理场（点）消毒操作主要包括无害化处理厂消毒和掩埋点消毒。

一、无害化处理场

（一）入场消毒

外来车辆和人员必须消毒，场门口前应设置消毒池，消毒池内可用50g/L次氯酸钠、10g/L戊二醛等进行消毒。若无消毒池，可铺撒2～5cm厚生石灰或用浸润10g/L戊二醛或氢氧化钠溶液的消毒草垫（8m）进行消毒。

（二）场内消毒

1. 车辆

车辆主要包括运猪车和运肉车。车辆打扫干净后，用10g/L戊二醛或50g/L次氯酸钠等溶液喷雾消毒。车辆消毒可参照生猪养殖场车辆消毒技术（第五章第三节中“四、车辆消毒”）。

2. 场所

场所主要包括处理车间、生活区等区域。

（1）车间应设与门同宽的鞋底消毒池（内置有效氯含量为0.6～0.7g/L的消毒溶液）或鞋底消毒垫。

（2）应每日作业前、后各消毒一次，地面、墙壁及经常使用或触摸的物体表面，先用热水洗刷干净，再用2～5g/L过氧乙酸溶液、有效氯含量为0.25～0.5g/L的消毒溶液拖擦或喷洒物体表面。消毒过程应先上后下、先左后右进行喷雾或擦拭，作用时间30～60min。

（3）应保持生活办公区整洁、卫生，每日清扫桌面、地面。生活办公区的屋顶、墙面、地面可选用醛类或氯制剂等进行喷洒消毒，每周1次。

二、掩埋点

1. 入场消毒

在进出无害化处理场路口，铺撒2～5cm厚的生石灰或用浸润10g/L戊二醛或氢氧化钠溶液的消毒草垫（8m）进行消毒。

2. 车辆消毒

主要对运猪车和运肉车进行消毒。车辆打扫干净后，用10g/L戊二醛或50g/L次氯酸钠等溶液喷雾消毒。

3. 无害化处理坑消毒

在无害化处理坑表面以及周围喷洒氯制剂或戊二醛，或覆盖2～5cm的生石灰进行消毒，消毒顺序应当由内向外。无害化处理场第一周每日消毒1次，连续消毒7d，之后每周消毒1次，连续消毒3周以上。

三、消毒记录

无害化处理场点应建立消毒操作的过程记录，记录作用时间、消毒药名称、消毒液浓度、消毒方式和消毒操作人员等情况，记录应具有可追溯性。

第三节 公路检查站消毒技术

为贯彻落实《中华人民共和国动物防疫法》等法律法规，应规范和加强运输环节生猪及产品运输车辆的清洗消毒工作，从而降低非洲猪瘟等动物疫病通过车辆、随车人员和物料等传播的风险，保障生猪养殖产业健康发展。

一、消毒剂选用

1. 设施消毒液

100g/L的苯及苯酚、去污剂、次氯酸、碱类及戊二醛。碱类（氢氧化钠、氢氧化钾等）氯化物和酚化合物适用于建筑物、木质结构、水泥表面、车辆和相关设施的消毒。

2. 人员消毒液

酒精和碘化物适用于人员的消毒。

二、车辆消毒

1. 初次清洗

遵循从内到外、从上到下、从前到后的清洗原则，用低压水枪对车体表面、车厢表面及隔板上下表面及中间夹缝、轮胎、车厢底部等进行全面冲洗。不适用于冲洗的设备须擦洗干净。经冲洗的部位应当无可见污物。

清扫驾驶室，吸除灰尘。用酒精擦拭驾驶室内壁、方向盘、座位等人员经常触碰的区域。

2. 二次清洗

选择使用中性或碱性、无腐蚀性的，且可与大部分消毒剂配合使用的清洁剂进行二次清洗。用高压清洗机或自动化洗消车间对车辆喷洒泡沫清洁剂，清洁剂应覆盖车体外表面、车厢内表面、底盘、车轮等部位，刷洗车厢内被粪便污染的区域和角落，应确保去除污垢，要使清洁剂与车体充分接触，保持泡沫浸润10~20min。最后，对车体各个部位进行全面清洗，直至无肉眼可见的泡沫。冲洗水温为60~80℃。

3. 检查及干燥

在充足光线下，对车辆内外进行检查，以确保清洗干净。检查完成后，静置车辆沥干水分。可利用有坡度的地面，使车辆自然风干或用暖风机吹干。

4. 消毒及干燥

选择符合国家规定且在有效期内的消毒剂进行消毒。按说明书配制消毒液，使用低压或喷雾水枪对车体表面、车厢内表面、底盘等部位进行喷雾消毒，以肉眼可见液滴流下为标准。按规定的作用时间（15~30min）静置车辆后，用高压清洗机对车体各部位进行全面清洗，直至车辆表面无消毒剂残留为止。

有条件的企业，可以设立车辆烘干车间，对车辆进行烘干至无肉眼可见的水渍。也可利用有坡度的地面，使车辆自然风干或用暖风机吹干。

三、司乘人员消毒

随车人员须洗手，持续20s以上，清理鞋底并消毒。有人员消毒通道的，须经人员消毒通道消毒。

四、注意事项

（1）对动物及动物产品进行查证验物检查完毕后，工作人员必须引导车辆低速、缓慢地进入消毒通道，等车辆充分消毒后引导其驶离消毒通道并等候签证盖章。

（2）工作人员对消毒车辆按车牌号、当事人、消毒日期、消毒药名称、消毒液浓度等信息进行登记并备案存档。

（3）对消毒通道内留有的粪便、尿液、毛发、垫料等污物及时进行清理，并进行无害化处理，防止造成二次污染。

（4）工作人员应严格进行人员防护，按规范戴口罩、手套等防护用具。

（5）定期检查消毒设备，确保消毒设备的正常使用。

五、消毒记录

应建立消毒操作的过程记录，记录作用时间、消毒药名称、消毒液浓度、消毒方式和消毒操作人员等情况，记录应具有可追溯性。

第四节 批发市场车辆消毒技术

一、消毒药品

1. 药品种类和浓度

10～20g/L氢氧化钠溶液、10g/L戊二醛溶液、30g/L邻苯基苯酚、75%酒精、30g/L柠檬酸碘溶液、5g/L过氧乙酸、氯制剂等。

2. 消毒药液用量

以肉眼可见车辆表面液滴流下为标准。

二、消毒设备

刷子、吸尘器、手动消毒机、加热清理机、高压清洗机、电动喷雾器、消毒容器等。

三、车辆洗消管理

1. 入场车辆

（1）空车入场　首先进行外观检查，车身、车厢四周、车辆底部、车轮、轮箍、轮框、挡泥板应无肉眼可见的残留污物；将车厢内顶、内壁、地面、分隔板等处清洁无污渍；将驾驶室清理至干净整洁，无杂物、污物。检查合格方可进行消毒，不符合标准的车辆须清洁达标后再消毒，应依次对驾驶室、车辆内部和外部进行消毒。

（2）载货车入场　先按程序进行车辆清洁，完成清洁后进入消毒环节，依次对驾驶室、车辆外部进行消毒。当载货车在目的地卸货后立即对车厢内部进行严格消毒。

2. 出场车辆

对所有出场运输车辆外部进行严格消毒即可放行。

四、消毒方法

（一）车辆清洁

建议有条件的批发市场配建消毒专用通道，配备货车专用清洗门，消毒通道设计应能满足清洗车辆要单向行驶的要求。按上到下、从前到后的冲洗清洁原则，用高压清洗机依次对车辆的车顶、厢四周、底盘、车轮、轮箍、轮框、挡泥板进行清洁并控水。

（二）车辆消毒

按“由内到外、从上到下、由前向后”的原则对进出批发市场的货运车辆进行严格消毒。

1. 驾驶室

用75%酒精溶液对方向盘、挡位杆和仪表盘进行擦拭消毒；对驾驶室空间进行喷雾消毒；使用蘸消毒溶液的抹布擦拭驾驶室地面、脚踏垫、踏板；对整个驾驶室采取臭氧熏蒸消毒。

2. 车辆内部

选择无刺激性气味、低腐蚀性消毒药如75%酒精、戊二醛溶液等，依次对车厢内顶、内壁、分隔板及地面等处喷洒消毒，作用时间10min。

3. 车辆外部

从车顶开始，依次对车厢四周、底盘、车轮、轮箍、轮框、挡泥板喷洒消毒，作用时间10min。

（三）注意事项

1. 地面清理

车辆移开后，须对地面的污物垃圾进行收集并做无害化处理。

2. 污水处理

对污水进行集中收集，按比例投放氯制剂（漂白粉、二氧化氯、二氯异氰脲酸钠）进行消毒。

3. 消毒药更换

消毒药要交替使用，每7d更换一次。

4. 消毒记录

逐日、逐次进行消毒登记，登记内容应包括消毒时间、消毒人员、消毒药名称、消毒液浓度和用量等内容。

第五节 非洲猪瘟疫情应急消毒技术

一、适用范围

非洲猪瘟疫情应急消毒技术规定了对非洲猪瘟疫点和疫区的紧急防疫消毒、终末消毒以及受威胁区和非疫区的预防消毒技术规范和消毒方法。该技术适用于有疑似或确诊非洲猪瘟疫情后的消毒。

二、消毒药品

1. 药品种类和浓度

8g/L氢氧化钠溶液、10～20g/L氢氧化钠溶液、20～30g/L氢氧化钠溶液、10g/L戊二醛溶液、2%～5%福尔马林溶液、75%酒精、30g/L柠檬酸碘溶液、5g/L过氧乙酸、氯制剂、生石灰、漂白粉等。

2. 消毒药液用量

发生非洲猪瘟疫情时应进行紧急消毒，药液量应该为日常消毒的2～3倍，测算如下所述。

（1）猪舍消毒用量　按舍内面积计算，稀释后的药液800mL/m^2。

（2）场地消毒用量　按场地面积计算，稀释后的药液300mL/m^2。

（3）车辆、器具消毒用量　以表面全部浸湿为标准。

三、消毒设施设备

1. 消毒器械及用品

发电机、高压清洗机、电动喷雾器、火焰消毒机、消毒容器、草垫等。

2. 清洗工具

扫帚、叉子、铲子、铁锹、水管等。

3. 人员防护用品

一次性防护服、护目镜、口罩、防护手套、胶靴、防水鞋套等。

4. 其他

"临时检查消毒站"提示牌、"公路动物防疫监督检查站"提示牌、"停"指示牌和路障等其他设备。

四、生猪养殖场消毒

在出入口地面上划定防疫隔离线，其他地区用防疫警戒线进行隔离，禁止无关人员、车辆出入。所有出隔离区的防护用品须集中进行浸泡消毒或做无害化处理。相关人员应用碘制剂或75%酒精对手部进行消毒，用消毒盆对脚底进行消毒。

（一）圈舍消毒程序

1. 清理

（1）火焰烤一遍　使用专用设备火焰枪等进行操作，消毒前穿戴工作服、口罩、帽子、手套等防护用品。

注意事项

①使用前仔细检查火焰枪等设备。

②对金属栏和笼具等金属物品进行火焰消毒时不要喷烧过久，以免将被消毒物品烧坏。

③火焰消毒时注意防火。

（2）扑杀生猪后，应同时对场猪舍内污物、粪便、饲料、垫料、垃圾等进行初步清理，并将其集中收集于密闭包装袋内，并随被扑杀的生猪一起做无害化处理。

（3）关闭猪舍内电源，防止在冲洗过程中发生漏电情况。

2. 首次消毒

（1）使用高压清洗机将10～20g/L氢氧化钠溶液或其他消毒液喷洒至猪舍内外环境中。

（2）喷洒消毒液时，应按照从上到下、从里到外的原则，即先屋顶、屋梁钢架，再墙壁，最后地面的顺序，将所有表面全部浸湿不留死角。整栋圈舍消毒后，应关闭门窗静置1h。

3. 再次清理

（1）按首次消毒程序连续消毒3d后，使用扫帚、叉子、铲子、铁锹等工具对猪舍内残留的粪便、垫料、灰尘等进行彻底清扫。

（2）将清扫的粪便、垃圾等污染物集中收集于密封包装袋内进行无害化处理，也可堆积发酵。

4. 再次消毒

同“首次消毒”方法。

5. 彻底清洗

（1）再次消毒后，全舍喷洒发泡清洗剂，浸润1 ~ 2h后，使用高压清洗机对猪舍内残留的粪便、垫料、灰尘等进行彻底清洗。

（2）冲洗屋顶等高处时要踩着架子，每根角铁、每根钢丝绳、每根吊绳都要仔细冲洗，要从一侧直接冲洗到另一侧；风机要从里向外冲洗，连同风筒、防护网、头端外墙、大门一起冲洗干净；冲洗篷布里面时要放开吊绳将篷布展开，从屋顶开始冲洗，从上到下冲洗，最后吊起篷布冲洗篷布外面和散水；冲洗进风口时不要向里冲。冲洗每段水线内部时要从一侧开始冲洗，冲洗干净之后再从另一侧冲洗，即两侧均要进行高压冲洗；冲洗水线、料线外侧时两侧均要冲洗。

（3）彻底冲洗干净后，应由专人认真检查冲洗质量。要求冲洗完后，所有设备器具、墙角、进风口、地面等处无粪便、无灰尘、无蜘蛛网、无污染物。

（4）如检查不合格，应按照上述步骤再次进行消毒后，重新进行清洗，直至彻底清洗干净，合格为止。

6. 终末消毒

（1）终末消毒时，对顶棚、墙面和地面喷洒消毒液，以表面全部浸湿为标准。整栋圈舍消毒后，应关闭门窗静置消毒1h。

（2）应采用火焰喷射器对猪舍内的墙裙、金属笼具等耐高温的物品进行火焰消毒。

（二）场区内环境消毒

1. 生活区

对养殖场户生活区（办公场所、宿舍、食堂等）的屋顶、墙面、地面用10g/L戊二醛溶液或氯制剂进行喷洒消毒。消毒方法和消毒药用量标准参照参猪舍消毒标准，必须做到不留死角，所有表面应被完全浸湿。消毒后，应关闭门窗静置1h。

2. 场区及院落

场区及院落地面撒布生石灰，或用戊二醛、氯制剂、氢氧化钠溶液进行喷洒消毒。

3. 进出口

进出门口铺设与门同宽、8m长的消毒草垫，喷洒戊二醛、氯制剂或氢氧化钠溶液，保持浸湿状态，每4h至少补充一次药液。

4. 污水处理处

污水集中收集，按比例投放氯制剂（漂白粉、二氧化氯、二氯异氰尿酸钠）消毒。

（三）注意事项

（1）使用的消毒药要交替使用，每7d交替更换1次。

（2）每日消毒2～3次，连续7d；之后每日消毒1次，持续消毒15d。

（四）消毒登记

逐日、逐次进行消毒登记，登记内容应包括消毒地点、作用时间、消毒操作人员、消毒药名称、消毒液浓度和用量、消毒方式等。

五、生猪屠宰场消毒

屠宰场发生疫情时，参照猪场消毒执行。

（一）出入场消毒

（1）车辆入口的消毒池应放置20～30g/L氢氧化钠溶液或氯制剂，溶液高度不小于25cm。

（2）进场车辆用氯制剂消毒药冲刷消毒，冲洗车外污物并使车辆表面全部浸湿。

（3）出场车辆用氯制剂消毒药或氢氧化钠冲刷车体和车厢，冲洗车内外污物，浸湿作用10min以上。

（二）待宰圈舍消毒

（1）猪只进入待宰圈门口时，须用戊二醛溶液或氯制剂进行喷雾消毒。

（2）空圈舍时，清洗后用20～30g/L氢氧化钠溶液喷雾消毒，关闭门窗静置2h。

（三）生产区消毒

（1）生产区入口设置紫外线灯进行消毒。

（2）屠宰分割车间入口处鞋底消毒池放置氯制剂或浸湿氯制剂的消毒垫。

（3）屠宰加工车间场地应在每日生产前后各消毒1次，地面、墙壁及经常触摸的物体表面，清洗后应按先上后下、先左后右的顺序进行喷雾消毒，作用时间为30～60min。发生非洲猪瘟疫情的屠宰场应每日消毒3～5次，连续7d；之后每日消毒1次，持续消毒15d。

（四）屠宰加工工具及车辆消毒

（1）屠宰刀具经清洗、煮沸消毒后要浸入5g/L过氧乙酸或氯制剂溶液中进行浸泡消毒。

（2）胶靴、围裙等橡胶制品，用2%～5%福尔马林溶液擦拭消毒；工作服、口罩等棉制品应进行煮沸消毒。

（3）装运动物产品的运输工具经清洗后，用60～70℃热水冲洗消毒；装运疑似患非洲猪瘟产品的运输工具应用8g/L氢氧化钠溶液喷雾消毒30min，再用清水冲洗。

（五）废弃物处理消毒

粪便、饲料、垫料等固体废弃物应被集中收集，堆积发酵或焚烧，深埋处理。污水等废弃物应集中收集，撒布生石灰或按比例投放戊二醛或氢氧化钠进行消毒。

（六）人员消毒

工作人员脚踏消毒盆进行消毒，手用75%酒精擦拭消毒或用30g/L柠檬酸碘溶液洗手消毒。

六、临时检查消毒站消毒

（一）人员消毒

出入疫点的居民，消毒方法：对其手部喷洒75%酒精或30g/L柠檬酸碘溶液进行清洗消毒，对鞋底消毒是通过踩消毒垫进行消毒。

（二）车辆消毒

（1）出示“停”指示牌，引导车辆停下来接受消毒。

（2）对出入疫点、疫区的车辆进行消毒时，应按由上至下的顺序，选顺风方向进行喷雾消毒，以覆盖全车且车轮无附着物为消毒合格标准。

七、公路动物防疫监督检查站消毒

1. 车辆引导

执法人员使用停车指示牌，引导运输动物和动物产品的车辆进入公路动物防疫监督检查站。

2. 车辆消毒

全自动消毒通道或者其他自动化消毒设备应对运载动物及动物产品的车辆实施全面消毒。

3. 消毒登记

填写《公路动物防疫监督检查站车辆消毒记录》，做好消毒药品名称、消毒液使用浓度、消毒方法、消毒车辆数量等内容的登记工作。

参考文献

[1] Brown VR, Bevins SN. A review of African swine fever and the potential for introduction into the United States and the possibility of subsequent establishment in feral swine and native ticks[J]. Frontiers in Veterinary Science, 2018(5):11.

[2] Coetzer J A W, Thomson G R, Tustin R C.Infectious disesses of livestock with special reference to Southern Africa [M]. Cape Town:Oxford University Press, 1994.

[3] Daniel Beltrán-Alcrudo, Marisa Arias, Carmina Gallardo，等. 非洲猪瘟：发现与诊断［M］. 杨林，王传彬，李硕，等，译. 北京：农业农村部兽医局，中国动物疫病预防控制中心，2018.

[4] GE S Q, LI J M, FAN X Y, et al. Molecular characterization of African swine fever virus, China, 2018[J]. Emerg Infect Dis, 2018, 24(11):2131-2133.

[5] GallardoC, Reis A L, Kalema-ZikusokaG, et al. Recombinant antigen targets for serodiagnosis of African swine fever[J]. Clinical and Vaccine Immunology, 2009, 16(7):1012-1020.

[6] Gong L, Xu R,Wang Z, Deng Q, et al. African swine fever recovery in China[J]. Vet.Med. Sci. 2020, 6(4):890-893.

[7] Lopera-Madrid J, Osorio JE,He YQ, et al. Safety and immunogenicity of mammalian cell derived and modified vaccinia ankara vectored African swine fever subunit antigens in swine[J]. Veterinary Immunology and Immunopathology, 2017(185):20-33.

[8] LIU J, LIU B, SHAN B, et al. Prevalence of African swine fever in China, 2018-2019[J]. J Med Virol, 2019. doi:10.1002/jmv.25638.

[9] Mazur-Panasiuk Natalia, Żmudzki J, Woźniakowski G. African swine fever viruspersistence in different environmental conditions and the possibility of its indirect transmission[J]. Journal of Veterinary Research, 2019(63):303-310.

[10] Montgomery R E.On a form of swine fever occurring in British East Africa (Kenya Colony) [J]. Journal of Comparative Pathology & Therapeutics, 1921(34):159-191.

[11] Niederwerder M C, Stoian A M M, Rowland R R, et al. Infectious dose of African swine fever virus when consumed naturally in liquid or feed[J]. Emerging Infectious Diseases, 2019, 25(5):891-897.

[12] Olesen A S, Lohse L, Boklund A, et al. Transmission of African swine fever virus from infected pigs by direct contact and aerosol routes [J]. Vet Microbiol, 2017(211):92-102.

[13] Revilla Y, Pérez-Núñez D, Richt JA. African swine fever virus biology and vaccine approaches[J]. Adv Virus Res, 2018(100):41-74.

[14] Sánchez-Vizcaíno JM, Mur L, Gomez-Villamandos JC, et al. An update on the epidemiology and pathology of African swine fever [J]. Journal of Comparative Patholoy, 2015, 152(1):9-21.

[15] Semerjyan AB, Tatoyan MR, Karalyan NY, et al. Cardiopathology in acute African swine fever[J]. Ann Parasitol, 2018, 64(3):253-258.

[16] Wang Nan, Zhao Dongming, Jialing Wang, et al. Architecture of African swine fever virus and implications for viral assembly [J]. Science, 2019, 366(6465):640-644.

[17] 北京市质量监督局. DB11/T 1395—2017 畜禽场消毒技术规范 [S]. 北京：中国标准出版社，2017.

[18] 陈晶，王晓虎，黄元，等. 非洲猪瘟流行病学研究进展 [J]. 广东畜牧兽医科技，2019，44（3）：1-4.

[19] 蔡宝祥. 家畜传染病学 [M]. 北京：中国农业出版社，2001.

[20] 陈伟生，沙玉圣，辛盛鹏. 规模猪场（种猪场）非洲猪瘟防控生物安全手册 [M]. 北京：中国农业出版社，2019.

[21] 国家市场监督管理总局，国家标准化管理委员会. GB 28232—2020 臭氧消毒器卫生要求 [S]. 北京：中国标准出版社，2020.

[22] 华利忠，冯志新，张永强，等. 以史为鉴，浅谈中国非洲猪瘟的防控与净化 [J]. 中国动物传染病学报，2019，27（2）：96-104.

[23] 扈荣良，于婉琪，陈腾. 非洲猪瘟及防控技术研究现状 [J]. 中国兽医学报，2019，39（2）：357-369.

[24] 黄律. 非洲猪瘟知识手册 [M]. 北京：中国农业出版社，2019.

[25] 李长友，秦德超，肖肖，等. 一二三类动物疫病释义 [M]. 北京：中国农业出版社，2011.

[26] 刘丑生，刘继辉，陈瑶生，等. 生猪养殖与非洲猪瘟生物安全防控技术 [M]. 北京：中国农业科学技术出版社，2020.

[27] 史喜菊，刘环，窦树龙，等. 非洲猪瘟病原学和流行病学研究新进展 [J]. 中国动物检疫，2020，37（5）：63-67.

[28] 世界动物卫生组织（OIE）. 陆生动物卫生法典（第21版）[M]. 农业部兽医局组，译. 北京：中国农业出版社，2013.

[29] 中华人民共和国商务部. NY/T 3384—2018 屠宰企业消毒规范 [S]. 北京：中国标准出版社，2018.

[30] 田克恭，李明. 动物疫病诊断技术——理论与应用 [M]. 北京：中国农业出版社，2013.

[31] 王志亮，吴晓东，王君玮. 非洲猪瘟 [M]. 北京：中国农业出版社，2015.

[32] 王怀禹. 非洲猪瘟国际流行状况、防控经验与发展趋势 [J]. 猪业科学，2019，36（10）：34-36.

[33] 汪葆玥，刘玉良，马静，等. 非洲猪瘟：传染源和传播途径研究进展与分析 [J]. 中国动物传染病学报.http://kns.cnki.net/kcms/detail/31.2031.s.20200305.1515.002.html.

[34] 赵凯颖，曾德新，胡永新，等. 非洲猪瘟病毒实时荧光RAA检测方法的建立[J/OL].(2020-11-05)[2020-12-21].https://doi.org/10.16656/j.issn.1673-4696.2021.0004.

[35] 赵洪进，王建. 非洲猪瘟防控知识手册 [M]. 上海：上海科学技术出版社，2019.

[36] 国家市场监督管理总局，国家标准化管理委员会. GB/T 18648—2020 非洲猪瘟诊断技术 [S]. 北京：中国标准出版社，2020.

[37] 中华人民共和国卫生部，中国国家标准化管理委员会. GB 28931—2012 二氧化氯消毒剂发生器安全与卫生标准 [S]. 北京：中国标准出版社，2012.

[38] 中华人民共和国国家质量监督检验检疫总局，中国国家标准化管理委员会. GB/T 17823—2009 集约化猪场防疫基本要求 [S]. 北京：中国标准出版社，2009.

[39] 中华人民共和国农业部. NY/T 3075—2017 畜禽养殖场消毒技术 [S]. 北京：中国标准出版社，2017.

[40] 中华人民共和国农业农村部. NY/T 3445—2019 畜禽养殖场档案规范 [S]. 北京：中国标准出版社，2019.

[41] 中华人民共和国国家质量监督检验检疫总局. SN/T 1559—2010 非洲猪瘟检疫技术规范 [S]. 北京：中国标准出版社，2010.